国家自然科学基金面上项目（42072287）资助

# 黄河下游引黄灌区地下水水化学演变机制与演变模式

## ——以河南省人民胜利渠灌区为例

刘中培　韩宇平　冯邵依　曹润祥　著

地质出版社

·北　京·

# 内容简介

黄河下游引黄灌区浅层地下水污染严重，影响因素众多，影响机理复杂，开展地下水水化学演变机理与演变模式研究对于区域地下水污染治理和保护，推动黄河流域生态保护和高质量发展具有重要意义。本书选择黄河下游兴建的第一个大型引黄灌区——人民胜利渠灌区为研究对象，立足于水-岩动态平衡和多元影响理论，通过原位监测与室内模拟实验、时间序列多维因子相关识别等技术，分析了近50年来该灌区地下水动力场及地下水水化学场时空演变特征，评价了地下水水质状况，研究了大气降水、引黄灌溉、地下水埋深、水动力场和人类污染等因素对地下水水化学演变的影响，开展了地下水水化学突变检验分析及模拟模型创建，揭示了地下水水化学演变模式，旨在为合理利用地下水，实现灌区水资源系统健康发展提供科学依据。

本书可供水文地质、水文与水资源等领域的科技人员与管理人员，以及相关专业高等院校师生参考使用。

**图书在版编目（CIP）数据**

黄河下游引黄灌区地下水水化学演变机制与演变模式：以河南省人民胜利渠灌区为例 / 刘中培等著. — 北京：地质出版社，2024.6

ISBN 978-7-116-13815-5

Ⅰ. ①黄…　Ⅱ. ①刘…　Ⅲ. ①黄河-地下水-水文地球化学-河南　Ⅳ. ①P641.13

中国国家版本馆 CIP 数据核字（2023）第 180345 号

HUANG HE XIAYOU YINHUANGGUANQU DIXIASHUI SHUIHUAXUE YANBIAN JIZHI YU YANBIAN MOSHI——YI HENAN SHENG RENMIN SHENGLIQU GUANQU WEILI

责任编辑：田　野　宫月萱
责任校对：田建茹
出版发行：地质出版社
社址邮编：北京市海淀区学院路 31 号，100083
电　　话：（010）66554528（邮购部）；（010）66554631（编辑室）
网　　址：https://www.gph.clmpg.com
传　　真：（010）66554686
印　　刷：北京地大彩印有限公司
开　　本：787 mm×1092 mm　1/16
印　　张：9
字　　数：250 千字
版　　次：2024 年 6 月北京第 1 版
印　　次：2024 年 6 月北京第 1 次印刷
定　　价：68.00 元
书　　号：ISBN 978-7-116-13815-5

# 前　　言

黄河流域是我国重要的生态屏障和经济地带，其生态保护和高质量发展已成为国家的重大战略。然而，黄河流域人均水资源量约408$m^3$，仅为全国平均水平的五分之一，低于国际公认的人均500$m^3$“极度缺水标准”，水资源短缺仍然是当前和未来面临的巨大挑战。在需求侧，随着黄河流域生态保护与高质量发展、郑州市国家级中心城市的建设上升为国家战略，人口、环境、生态等对水资源要求提高，水资源不足的问题将更加突出。

黄河下游引黄灌区是黄河流域三大灌区中灌溉面积最大和粮食产量贡献最高的区域，其面积占比为45%，粮食产量占比为51%。粮食的稳产、高产离不开水资源的保障，这加剧了区域水资源紧缺态势，造成地下水降落漏斗及水污染严重等诸多生态环境地质问题。本书选择黄河下游兴建的第一个大型引黄灌区——河南省人民胜利渠灌区为研究对象，分析了近50年来灌区地下水动力场及地下水水化学场时空演变特征，评价了地下水适应性状况，研究了大气降水、引黄灌溉、地下水埋深、水动力场和人类污染等因素对地下水水化学演变的影响，开展了地下水水化学突变检验分析及模拟模型创建，揭示了地下水水化学演变模式，旨在为合理利用地下水，实现灌区水资源系统健康发展提供科学依据。主要研究成果如下：

**（1）地下水动力场**

基于观测井实测1975—2013年地下水位数据，利用空间插值方法对研究区地下水位时空演变特征、地下水漏斗的形成及演变特征进行了分析，并结合采用基于经验模态分解（Empirical Mode Decomposition，简称EMD）的自回归（Autoregression，简称AR）模型和普通最小二乘（Ordinary Least Squares，简称OLS）线性回归模型对夏庄2022—2030年漏斗中心水位和漏斗面积进行预测。结果表明，1975—2021年灌区观测井地下水位整体呈下降趋势，其中中部地区夏庄地下水位下降幅度较大，地下水位变化主要与灌溉开采和降水有关。由于地下水位下降，地下水流场发生变化，董庄和夏庄先后形成降落漏斗，2022—2025年漏斗中心水位下降速度约为0.08m/a，漏斗面积增加速度约为 1.4km$^2$/a，预计 2025—2030 年漏斗中心水位下降速度约为 0.25m/a，漏斗面积增加速度约为 0.85km$^2$/a。

**（2）地下水化学场**

使用参数统计、GIS 空间分析模型和 Sniff 图对 1987—2022 年人民胜利渠灌区地下水水化学时空演变特征进行分析，阐述不同区域、不同时间地下水水化学组分演变特征和差异性。结果表明：该灌区 1987—2022 年地下水中主要阴、阳离子和水化学类型变化趋势呈现区域性及阶段性特征。高矿化度区地下水各离子平均浓度均高于低矿化度区地下水，在低矿化度区，1987—2001 年，地下水中各离子平均浓度与矿化度呈现逐渐减小趋势，2002—2022 年 $HCO_3^-$、$Cl^-$、$SO_4^{2-}$平均浓度呈现逐渐增加趋势，1987—2001 年低矿化度区地下水水化学类型由 $HCO_3 \cdot SO_4-Na \cdot Mg$ 和 $HCO_3-Na \cdot Mg$ 转变成 $HCO_3 \cdot Cl-Na \cdot Mg$，2006—2022 年地下水水化学类型呈现区域化和多元化。在高矿化度区，1987—2001 年 $HCO_3^-$、$Ca^{2+}$及 $Mg^{2+}$平均浓度呈现逐渐减小趋势，地下水水化学类型主要是 $SO_4 \cdot HCO_3-Na \cdot Mg$、$SO_4 \cdot Cl-Na \cdot Mg$ 和 $Cl \cdot SO_4 \cdot HCO_3-Na \cdot Mg$。

**（3）地下水水质评价**

基于单因子评价法、USSL 图示法和 Wilcox 图示法等方法对研究区地下水在生活饮用、灌溉及工业方面（主要指锅炉用水）的适用性进行评价。结果表明，研究区西北地区地下水超标严重，不适宜作为生活饮用水，导致超标的主要因素是总硬度和总溶解固体，随时间变化不适宜作为生活饮用水的区域逐渐向灌区中东部扩大。在考虑微咸水灌溉的前提下，研究区大部分地区地下水可用于灌溉，但长期灌溉后可能会造成土壤盐分累积。研究区大部分地区地下水用于锅炉用水时，会产生大量的气泡和锅垢，不适宜直接作为锅炉用水。

**（4）地下水影响因素**

运用 Gibbs 图和离子比例图分析地下水流动过程中的水文地球化学过程，考虑大气降水、引黄灌溉、地下水埋深以及水动力场等对地下水水化学演变的影响，对地下水水化学特征变化过程中的自然和人类活动因素归因分析。结果表明：地下水水化学的形成主要受岩石风化控制，高矿化度区还受到蒸发浓缩作用影响，地下水离子主要来源于硅酸盐岩、碳酸盐岩、石膏和盐岩的溶解。在低矿化度区，降水通过补给使地下水中离子浓度减小是影响地下水化学组分的主要因素，1987—2001年引黄河水量较大，使地下水各离子浓度接近黄河水离子浓度，降水、引黄河水均会淡化低矿化度区地下水离子浓度，当其补给量较多时，埋深变小，离子浓度降低；补给量减少，埋深变大，离子浓度增加。中部地区夏庄取样点从2001年形成降落漏斗，地下水流向从1996—2001年渠首向西北地区方向流动，转变为渠首地区和西北地区向夏庄漏斗区流动，高矿化度地下水向漏斗区流动，使沿途地下水各离子浓度增加，特别是$SO_4^{2-}$、$Na^+$+$K^+$。在高矿化度区，土壤易溶盐随降水淋溶至含水层中是影响高矿化度区地下水化学组分的主要因素，当黄河水补给量较多时，黄河水通过补给距离渠系较近的地下水取样点使其地下水离子浓度减小；当黄河水补给量较小时，黄河水补给不是影响地下水离子浓度变化的主要因素，地下水离子浓度与埋深大致呈负相关关系，地下水离子浓度和埋深除受到补给因素影响外，明显受土壤盐分淋溶作用和开采量的影响。

**（5）地下水突变检验**

1996—2013年高矿化度区选取的所有典型观测井的不同离子在枯水期和丰水期或多或少都出现了突变。低矿化度区除典型观测井贺庄外所有离子在枯水期未发生突变，其余观测井的不同离子均在枯水期和丰水期或多或少都出现了突变。空间突变主要多发生在两个不同浓度值交界的地方，这是因为研究区东西方向跨度比南北方向跨度大，东西方向贯穿的离子浓度范围比南北方向贯穿的离子浓度范围广。南北方向上，空间突变主要多发生在同一离子浓度内部。这是因为南北方向同一离子浓度内，离子浓度值随丰（枯）水期季节交替变化后波动范围大。

**（6）地下水演变模式**

综合考虑表现特征、内部演变作用及外部影响因子3个方面，将人民胜利渠灌区地下水水化学划分为4种演变模式。地下水水化学表现特征包含离子浓度变化与自组织映射神经网络（SOM）对地下水水化学特征分类结果的时空演变和水化学类型等；内部演变作用包含离子来源及水化学演化作用等；外部影响因子包含地形地貌、地下水径流条件、大气降水和引黄河水量等因素。4种演变模式分别为古黄河背河洼地-蒸发浓缩-降水淋溶模式、古黄河滩地-引黄灌溉补给模式、古黄河滩地-引黄灌溉补给-径流模式和古黄河河滩地-引黄灌溉补给-弱径流模式。

作者自华北水利水电大学工作开始，十多年来一直致力于黄河中下游地区地下水循环演变及资源可持续利用方面的研究工作，在此方向主持和参与国家自然科学基金等相关项目多项，指导毕业研究生9人。本书是在十余年来所做相关工作基础上总结凝练形成的，是我们科研团队长期努力的结晶。在本书撰写过程中，刘中培完成全书的总体设计、提纲拟定，前言、第4章、第6章、第7章、第8章的内容编写，以及第3章、第5章有关内容编写和全书统编与审定；韩宇平负责第1章编写工作，参与第3章编写工作；冯邵依主要参与第4章、第5章、第6章、第7章编写工作；曹润祥主要参与第2章、第4章编写工作。此外，张冬青、李鑫、聂俊坤、阿长松、赵雨婷、袁皖华、冷静、齐明坤、王璐、胡志鹏也参与了本书的研究工作。

本书相关内容的研究和出版得到了国家自然科学基金面上项目“山前井灌区浅层地下水化学场突变条件阈与尺度效应”（项目编号：42072287）的资助，在此表示感谢。对支持和帮助本书的专家、领导和参与本项目研究的各位同仁表示感谢。本书撰写过程中，参考和引用了国内外许多专家和学者的研究成果，在此深表感激，所引之处均进行标注，如有遗漏，也敬请谅解和指正。

地下水水化学影响因素众多，演变机制复杂，水化学监测资料（尤其背景值资料）有限，同时书中难免存在谬误，敬请各位同仁和读者批评指正。

作者

2023年7月5日

# 目　　录

# 第 1 章　黄河下游灌区存在的问题与面临的形势

黄河流域人均水资源量少，属于极度缺水地区，黄河下游地下水资源量不断减少，并且减少趋势比上、中游地区大。然而黄河下游灌区农业用水比例高，是黄河流域三大灌区灌溉面积最大和粮食产量贡献最高的区域，随着黄河流域生态保护和高质量发展国家重大战略、中部崛起战略及中原城市群建设战略等的规划实施，黄河下游水资源面临的问题更加严重。本章重点介绍黄河下游灌区目前存在的主要问题以及面临的严峻形势，地下水资源保护迫在眉睫。

## 1.1　黄河下游灌区存在的问题

### 1.1.1　水资源紧缺

黄河流域是我国重要的生态屏障和经济地带，其生态保护和高质量发展已成为国家的重大战略。然而，黄河流域人均水资源量约 408m$^3$，仅为全国平均水平的五分之一，低于国际公认的人均 500m$^3$ “极度缺水标准”，水资源短缺仍然是当前和未来面临的巨大挑战（刘昌明等，2019）。2000 年以来，黄河流域水资源量呈衰减趋势，2002—2020 年黄河流域上、中、下游陆地水储量下降趋势依次增大，分别达到 -0. 16mm/月、-0. 67mm/月和 -1. 83mm/月，陆地水储量与地下水储量的变化特征高度相关（任立良等，2022）。

在需求侧，随着黄河流域生态保护与高质量发展、郑州市国家级中心城市的建设上升为国家战略，人口、环境与生态等对水资源要求提高，黄河下游区用水量势必逐渐增加，水资源不足的问题将更加突出。同时，为保障城乡供水安全和保护地下水资源，对于长期单一使用地下水作为饮用水源的县城或乡镇需要开展地表水水源置换，实现以地表水为主、地下水为辅的双水源供水模式。

### 1.1.2　农业用水比例偏重

黄河下游灌区是流域三大灌区灌溉面积最大和粮食产量贡献最高的区域，其面积占比为 45%，粮食产量占比为 51%。粮食的稳产、高产离不开水资源的保障，造成黄河下游农业灌溉对资源的影响剧烈，农业用水比例偏高。

河南省是农业大省，农业是第一用水“大户”。《黄河水资源公报》统计数据显示，河南省黄河供水区农田灌溉耗水量多年平均为 29. 2×10$^8$m$^3$，其占地表水取水量平均比例为 65. 1%。《河南省水利厅水资源公报》统计数据显示，河南省黄河流域农林渔业用水量多年平均为 29. 37×10$^8$m$^3$，其占黄河流域用水量平均比例为 58. 4%。尽管《黄河水资源公报》与《河南省水利厅水资源公报》的统计口径存在差异，但二者的统计结果均反映出农业用水比例偏重。

### 1.1.3 地下水超采严重

由于地表水严重不足且呈减少态势，为保障农业生产和城乡供水，黄河下游大量开采使用地下水。2018 年河南省黄河供水区地下水开采量为 $92.38\times10^8m^3$，占总用水量的 52.27%。地下水供水比重过大造成了地下水超采，目前河南省地下水年均超采量为 $11.11\times10^8m^3$，其中引黄供水区超采 $10.06\times10^8m^3$，占河南省全省超采量的 90.5%。

地下水超采使黄河下游引黄供水区形成了温县-孟州、安阳-鹤壁-濮阳、新乡小翼等较大的地下水漏斗区，其中最大浅层地下水漏斗区“安阳-鹤壁-濮阳”漏斗区面积达 $6760km^2$，中心埋深达 40.41m。

### 1.1.4 水资源调控能力不足

黄河下游引黄供水工程体系连通性差，且缺乏调蓄工程，不能实现区域之间、灌区之间和丰（枯）水期间调配。小浪底水库建成蓄水后，年增加可供水量 $26\times10^8m^3$ 左右，黄河下游灌溉、城市及工业供水保证率提高。但小浪底调水调沙以来，黄河河床下切，闸前水位下降，黄河下游引水条件持续下降，造成引黄渠首工程引水困难（杜青辉等，2020）。据调查，黄河下游人民胜利渠引水口处黄河河床下切 3.0m 左右，三义寨引水口处黄河河床下切 2.5m 左右，渠村引水口处黄河河床下切 2.0m 左右。河南省内黄河干流自流引黄涵闸 44 处，因河床下切导致引黄能力不足的为 39 处。在相同流量条件下，部分引黄灌区口门引水能力大幅下降，甚至脱流，无法引水。

### 1.1.5 浅层地下水污染严重

黄河下游灌区人类活动影响剧烈，在地质背景等自然因素及人类活动的双重影响下，浅层地下水化学场防护外部输入影响能力较为脆弱，地下水化学组分随着水位大幅下降而发生明显质的变化，其中河南省人民胜利渠灌区是典型地区之一。

人民胜利渠灌区浅层地下水污染严重，其中总硬度、亚硝酸盐、铵根、矿化度、铁、硫酸盐和硝酸盐等为主要超标因子。2016—2022 年，本课题在人民胜利渠灌区取地下水水质样品数超过 900 个，其中总硬度、亚硝酸盐和铵根离子超标最为严重，总硬度超Ⅲ类水比例约为 77%，亚硝酸盐和铵根离子也分别高达 70%和 47%。

## 1.2 面临的严峻形势

### 1.2.1 粮食安全需要水资源保障

黄河下游流经的河南省和山东省均为全国粮食生产大省。其中河南省粮食总产量占全国粮食总产量的十分之一，每年外调原粮及制成品超过 400 亿斤。党的十八大以来，习近平总书记 3 次赴河南省调研。总书记强调，粮食生产这个优势、这张王牌任何时刻都不能丢。河南省牢记总书记嘱托，始终把粮食安全这个重任扛在肩上，努力让全国人民的饭碗装上更多优质的河南粮。但是，灌区不配套、灌溉用水保障不足等问题一直没有得到很好的解决。20 世纪 80 年代，河南省引黄有效灌溉面积只有 522 万亩❶。目前，河南省引黄

---

❶ 1 亩 = $666.\dot{6}m^2$。

供水区内耕地面积为 7624 万亩、有效灌溉面积 5358 万亩，其中引黄灌区设计灌溉面积 2546 万亩，有效灌溉面积 1338 万亩。作为国家粮食核心区和主产区，河南省担负着保障国家粮食安全的重任，解决农业用水不足的问题迫在眉睫。

### 1.2.2 实施国家战略需要水资源保障

黄河流域生态保护和高质量发展已上升为国家战略，在黄河下游，目前河南省正在实施中原经济区、郑州航空港经济综合实验区、郑洛新国家自主创新示范区和河南自贸区等五大国家战略及郑州市国家级中心城市的建设，诸多国家战略均需要水资源作保障，水资源供需矛盾将进一步加剧。

### 1.2.3 地下水资源保护需要水资源保障

河南省黄河供水区地下水超采严重，实施地表水水源置换是地下水压采最直接、最有效的措施。2019 年以来，河南省委省政府部署开展了全省饮用水地表化工作，目前，两个市级 21 个县级饮用水地表化试点，以及 7 个县级地下水超采区综合治理试点正在按计划推进。

### 1.2.4 居民饮水安全需要水资源保障

河南省随着城镇化进程不断加快，城镇水资源短缺和水环境污染问题日益突出，城镇供水安全面临威胁。2014 年南水北调中线工程建成通水后，一定程度上缓解了河南省黄河供水区城市生活用水矛盾，但人多水少、时空分布不均的先天禀赋并未改变，水安全保障问题依然严峻。

## 1.3 相关国家战略与政策分析

### 1.3.1 国家战略对水资源保障提出更高要求

#### 1.3.1.1 黄河国家战略

习近平总书记在黄河流域生态保护和高质量发展座谈会上的重要讲话中提出将黄河流域生态保护和高质量发展作为重大国家战略，标志着黄河流域高质量发展进入了新阶段，更是新时代中原更出彩的重要战略支撑，为河南高质量发展提供了重大的历史机遇。黄河是中原最为重要的生态廊道，也是河南生态文明建设的重要载体，但是流域生态环境脆弱、水资源保障形势严峻等问题没有彻底解决，是河南迈向高质量发展的制约因素之一。

#### 1.3.1.2 中部崛起战略

为了加快打造中部地区城乡和区域一体化发展新格局，推动中部地区综合实力和竞争力再上新台阶，《国家发展改革委关于印发促进中部地区崛起“十三五”规划的通知》（发改地区〔2016〕2664 号）。《国务院关于促进中部地区崛起“十三五”规划的批复》（国函〔2016〕204 号）中强调，要努力把中部地区建设成为全国重要的先进制造业中心、全国新型城镇化重点区、全国现代农业发展核心区、全国生态文明建设示范区和全方位开放重要支撑区。

#### 1.3.1.3 国家中心城市建设

为加快推进郑州国家中心城市建设，更好地发挥辐射带动作用，引领中原发展、支撑中部崛起、服务全国大局，国家发展改革委发布了《国家发展改革委关于支持郑州建设国家中心城市的指导意见》（发改规划〔2017〕154号）。《促进中部地区崛起“十三五”规划》明确提出，支持郑州建设国家中心城市。郑州作为中原城市群核心城市，区位优势明显，腹地市场广阔，人力资源丰富，文化底蕴厚重，建设国家中心城市具有良好条件和巨大潜力，但经济发展体量、科技创新水平及辐射带动能力等仍需加快提升，迫切需要抢抓机遇、勇担使命，实现更大作为。

#### 1.3.1.4 中原城市群

为了提升综合交通枢纽、产业创新中心和新兴市场消费中心地位，建成资源配置效率高、经济活力强、具有较强竞争力和影响力的国家级城市群，河南省发布了《河南省建设中原城市群实施方案》（豫发〔2017〕17号），方案指出，到2025年，中原城市群一体化发展全面实现，成为承东启西、支撑发展、引领中西部、服务全国、融入全球的门户，全面向世界级城市群迈进。《国务院关于中原城市群发展规划的批复》（国函〔2016〕210号）提出，要牢固树立和贯彻落实创新、协调、绿色、开放、共享的发展理念，适应把握引领经济发展新常态，坚持以推进供给侧结构性改革为主线，服务“一带一路”建设、中部地区崛起和新型城镇化等国家重大战略，加强生态环境同治共保，促进公共服务共建共享，推动城乡统筹协调发展，构建网络化、开放式、一体化的中原城市群发展新格局。

#### 1.3.1.5 中原经济区

为了全面实施促进中部地区崛起战略，探索不以牺牲农业和粮食、生态和环境为代价的新型城镇化、工业化和农业现代化协调发展的路子，国务院批复了《中原经济区规划（2012—2020年）》，进一步明确了中原经济区的五大战略定位：国家重要的粮食生产和现代农业基地、全国“三化”协调发展示范区、全国重要的经济增长板块、全国区域协调发展的战略支点和重要的现代综合交通枢纽、华夏历史文明传承创新区。

#### 1.3.1.6 郑州航空港经济综合实验区

《国务院关于郑州航空港经济综合实验区发展规划（2013—2025年）的批复》（国函〔2013〕45号）指出，郑州航空港经济综合实验区区位条件优越、陆空衔接高效、产业基础良好、开放型经济发展势头强劲，对中原经济区发展的引领带动作用初步显现。加快实验区建设有利于优化航空货运布局，提升我国民航业国际竞争力；有利于推动我国航空港经济发展，促进产业结构升级和发展方式转变；有利于建设内陆开放高地，探索中西部地区全方位扩大开放新途径；有利于构建中原经济区战略突破口，带动新型城镇化、工业化和农业现代化协调发展。

#### 1.3.1.7 自贸试验区

《国务院关于印发中国（河南）自由贸易试验区总体方案的通知》（国发〔2017〕17号）指出，建立中国（河南）自由贸易试验区（以下简称自贸试验区）是党中央、国务院作出的重大决策，是新形势下全面深化改革、扩大开放和深入推进“一带一路”建设的重大举措。为全面有效推进自贸试验区建设，以制度创新为核心，以可复制可推广为基本要求，加快建设贯通南北、连接东西的现代立体交通体系和现代物流体系，将自贸试验区建设成为服务于“一带一路”建设的现代综合交通枢纽、全面改革开放试验田和内陆开放型经济示范区。

#### 1.3.1.8 洛阳副中心城市建设

为建立城市高质量发展标准体系，补齐短板弱项，推动建设城市高质量发展示范区，示范带动全省提升城市发展质量和竞争力，《中共河南省委、河南省人民政府关于支持洛阳以开放为引领加快建设中原城市群副中心城市的若干意见》提出，全面提升副中心城市综合承载能力，联动郑州打造引领全省发展的“双引擎”，加快构建洛阳都市圈，形成辐射豫西北、联动晋东南、支撑中原城市群高质量发展的新增长极。

### 1.3.2 保障国家粮食安全需要水资源保障

党中央、国务院始终高度重视粮食安全，把这项工作摆在突出的位置。《国家粮食安全中长期规划纲要（2008—2020年）》指出，粮食安全始终是关系我国国民经济发展、社会稳定和国家自立的全局性重大战略问题。保障我国粮食安全，对构建社会主义和谐社会和推进社会主义新农村建设具有十分重要的意义。

《全国新增1000亿斤粮食生产能力规划（2009—2020年）》提出着力打造粮食生产核心区，提高商品粮调出能力。综合考虑粮食播种面积、产量、商品量、集中连片和水资源等因素，从13个粮食主产省（区）选出680个县（市、区、场）作为粮食生产核心区，通过加强农田水利等基础设施建设，改进农业耕作方式，全面提升耕地质量，提高科技创新能力，加快优良品种选育及推广应用，完善粮食仓储运输设施，巩固并提升在国家商品粮源中的核心地位。

为加快构建国家粮食安全保障体系，进一步明确地方政府维护国家粮食安全的责任，《国务院关于建立健全粮食安全省长责任制的若干意见》（国发〔2014〕69号）要求，各省（区、市）人民政府必须切实承担起保障本地区粮食安全的主体责任，全面加强粮食生产、储备和流通能力建设。

为切实加强高标准农田建设，提升国家粮食安全保障能力，《国务院办公厅关于切实加强高标准农田建设提升国家粮食安全保障能力的意见》（国办发〔2019〕50号）指出，确保重要农产品特别是粮食供给，是实施乡村振兴战略的首要任务。建设高标准农田，是巩固和提高粮食生产能力、保障国家粮食安全的关键举措。要加强建设管理，突出抓好耕地保护、地力提升和高效节水灌溉，大力推进高标准农田建设，加快补齐农业基础设施短板，提高水土资源利用效率，切实增强农田防灾抗灾减灾能力，为保障国家粮食安全提供坚实基础。

河南省是全国第一人口大省、第一农业大省、第一粮食生产大省，省委、省政府坚持在推进工业化、城镇化进程中不以牺牲农业为代价，始终把粮食生产摆在经济工作的重要位置，采取了一系列积极有效的措施，狠抓粮食生产不放松。河南省用占全国6%的耕地生产了全国10%以上的粮食，不仅解决了近亿人口的吃饭问题，每年还调出400亿斤的原粮及加工制品，为维护国家粮食安全做出了突出贡献。《河南省人民政府关于印发河南省粮食生产核心区建设规划（2008—2020 年）的通知》（豫政〔2010〕50 号）要求，到 2020 年，在保护全省 1.03 亿亩基本农田的基础上，粮食生产核心区粮食生产用地稳定在 7500 万亩，使河南省粮食生产的支撑条件明显改善，抗御自然灾害能力进一步增强，粮食生产能力达到 1300 亿斤，增加 300 亿斤，成为全国重要的粮食生产稳定增长的核心区、体制机制创新的试验区、农村经济社会全面发展的示范区。《河南省人民政府办公厅关于加强高标准农田建设打造全国重要粮食生产核心区的实施意见》（豫政办〔2020〕14 号）要求，到 2025 年，建成 8000 万亩高标准农田，同时提升 2000 万亩以上，以此稳定保障 1300 亿斤以上粮食产能；到 2035 年，通过持续改造提升，全省高标准农田保有量进一步提高，不断夯实粮食安全保障基础。

### 1.3.3 水资源是生态安全的保障

生态安全作为国家安全的重要组成部分，是政治安全、军事安全和经济安全的载体，关系人民群众福祉、经济社会可持续发展和社会长久稳定，是国家安全体系的重要基石。党的十八大以来，以习近平同志为核心的党中央将生态文明制度建设作为中国特色社会主义制度建设和推进国家治理体系和治理能力现代化的重要内容，作为“五位一体”总体布局的重要组成部分，加快推进生态文明顶层设计和制度体系建设，坚持绿水青山就是金山银山的理念，坚持保护生态环境就是保护生产力、改善生态环境就是发展生产力，坚持用最严格制度最严密法治保护生态环境，推动生态文明建设取得重大进展，我国生态环境保护发生了历史性、转折性、全局性变化。党的十九届四中全会又对生态文明建设从制度上作出了全面安排部署，充分体现了以习近平同志为核心的党中央对生态文明建设的高度重视和战略谋划。习近平总书记在中国共产党第二十次全国代表大会上指出尊重自然、顺应自然、保护自然，是全面建设社会主义现代化国家的内在要求。必须牢固树立和践行绿水青山就是金山银山的理念，站在人与自然和谐共生的高度谋划发展。要推进美丽中国建设，坚持山水林田湖草沙一体化保护和系统治理。相关政策制度包括：《全国生态环境保护纲要》（国发〔2008〕38 号）、《生态文明体制改革总体方案》《中共中央国务院关于加快推进生态文明建设的意见》《关于统筹推进自然资源资产产权制度改革的指导意见》《自然生态空间用途管制办法（试行）》（国土资发〔2017〕33 号）、《乡村振兴战略规划（2018—2022 年）》等。

### 1.3.4 水资源是人民幸福生活的前提

党的十八大以来，习近平总书记提出以人民为中心的发展思想，就保障和改善民生作出一系列重要论述。“牢牢把握我国发展的阶段性特征，牢牢把握人民群众对美好生活的向往。”习近平总书记在省部级主要领导干部专题研讨班上重要讲话中强调的这“两个牢牢把握”，是我们谋划和推进党和国家事业发展的重要前提。

为确保打赢农村饮水安全脱贫攻坚战，全力攻克贫困地区特别是深度贫困地区饮水安全问题，《水利部、国务院扶贫办、国家卫生健康委关于坚决打赢农村饮水安全脱贫攻坚战的通知》（水农〔2018〕188 号）要求，脱贫攻坚农村饮水安全保障实行“中央统筹、省负总责、市县抓落实”的管理体制，各地要把农村饮水安全精准脱贫当作重要的政治任务来抓，将农村饮水安全保障纳入脱贫攻坚考核范围，落实好主体责任，一级抓一级，层层抓落实，将贫困地区农村饮水安全保障落实到市（县）。按照各省级政府批复的“十三五”农村饮水安全巩固提升工程规划以及分年度、分市（县）目标任务，合理制定方案，加强前期工作，落实保障措施，聚焦重点难点，攻坚克难，确保到2020年全面解决贫困村和贫困人口的饮水安全问题。

2020年中央一号文件在“对标全面建成小康社会加快补上农村基础设施和公共服务短板”中要求，提高农村供水保障水平。全面完成农村饮水安全巩固提升工程任务。统筹布局农村饮水基础设施建设，在人口相对集中的地区推进规模化供水工程建设。有条件的地区将城市管网向农村延伸，推进城乡供水一体化。中央财政加大支持力度，补助中西部地区、原中央苏区农村饮水安全工程维修养护。加强农村饮用水水源保护，做好水质监测。

### 1.3.5 水资源是地下水安全的支撑

为贯彻落实习近平总书记对地下水污染防治工作的重要批示精神，全面打好污染防治攻坚战，保障地下水安全，加快推进地下水污染防治的各项工作。《关于印发地下水污染防治实施方案的通知》（环土壤〔2019〕25号）提出，我国地下水污染防治的近期目标是“一保、二建、三协同、四落实”。“一保”，即确保地下水型饮用水源环境安全；“二建”，即建立地下水污染防治法规标准体系、全国地下水环境监测体系；“三协同”，即协同地表水与地下水、土壤与地下水、区域与场地污染防治；“四落实”，即落实《水十条》确定的四项重点任务，开展调查评估、防渗改造、修复试点和封井回填工作。到2020年，全国地下水质量极差比例控制在15%左右；典型地下水污染源得到初步监控，地下水污染加剧趋势得到初步遏制。到2025年，地级及以上城市集中式地下水型饮用水源水质达到或优于Ⅲ类的比例总体为85%左右；典型地下水污染源得到有效监控，地下水污染加剧趋势得到有效遏制。到2035年，力争全国地下水环境质量总体改善，生态系统功能基本恢复。

为严格控制地下水开发利用，改善水生态环境，促进水资源可持续利用，《河南省人民政府关于公布全省地下水禁采区和限采区范围的通知》（豫政〔2015〕1号）要求，在地下水禁采区内，除应急供水外严禁新凿取水井，停止新增地下水取水许可；对禁采区内已有地下水用户要加强取水许可管理，对取水许可证到期的，无特殊情况不再核发取水许可证，促进地下水用户转换水源。在地下水限采区内，城市供水管网覆盖范围内除应急供水外，严禁新凿取水井。对已批准开采地下水的用户，要根据超采程度逐步核减地下水开采总量和年度取水指标，逐步实现地下水采补平衡；对城市供水管网覆盖范围外，无其他替代水源、确需取用地下水的，要严格论证审批，加强日常监督管理，严控新增取用地下水。

为充分用好外来水，有效治理地下水超采问题，实现水资源可持续利用，《河南省南水北调受水区地下水压采实施方案（城区2015—2020）》指出，河南省受水区水资源严重短缺，为维系经济社会发展不得不长期超采地下水，导致部分区域地下水补排失衡，水位大幅下降，引发了地面沉降、地裂缝、水质恶化等一系列生态与环境地质问题，严重制约经济社会可持续发展，并危及粮食安全、生态安全和供水安全。规划至2020年，通过替代水源工程和管网配套工程建设，全省受水城区地下水压采总量为$2.70\times10^8 m^3$，其中浅层水压采$1.75\times10^8 m^3$，中深层水压采$0.95\times10^8 m^3$；城区浅层地下水实现采补平衡，城区深层承压水原则上停止开采，城市地下水环境状况得到显著改善。

# 第 2 章　区域概况

人民胜利渠灌区是黄河中下游大型的引黄灌区，有着悠久的引黄灌溉历史。灌区的地形地貌、气象水文条件、地质及水文地质条件、渠系分布、河流水系以及引黄水量等均影响着区域地下水水化学演变过程，因此本章重点描述研究区区域概况。

## 2.1　地理位置

人民胜利渠是新中国成立后在黄河下游修建的一项利用黄河水兴利除害的大型灌溉工程，该工程于 1951 年 3 月开始施工，1952 年 4 月完工并顺利通水。人民胜利渠，原称引黄灌溉济卫工程，其目的是引黄河水，灌溉沿线农田，到达卫河，并补给卫河水量。引黄灌溉济卫工程的顺利通水是党和人民治理黄河的一项伟大胜利，因此该工程被命名为“人民胜利渠”，它所灌溉的区域即为人民胜利渠灌区。人民胜利渠的建成，不仅造福了河南人民，更为整个黄河下游开辟了更多的利用黄河水造福人民的道路，是我国开发利用黄河水沙之路的开端，结束了“黄河百害，唯富一套”的历史。

人民胜利渠灌区位于河南省北部新乡市境内，东经 113°31′～114°25′，北纬 35°0′～35°30′，如图 2.1 所示。黄河取水口在灌区西南角，灌区北部与卫河和南长虹渠相邻，东部与红旗渠总干渠相邻，西部与共产主义渠灌区、武嘉灌区接壤（李鑫，2021）。人民胜利渠灌区包括新乡市、安阳市和焦作市等 7 个县（区），分别为新乡市的卫辉市、原阳县、新乡县和新乡市城区，安阳的滑县，焦作市的获嘉县、武陟县。

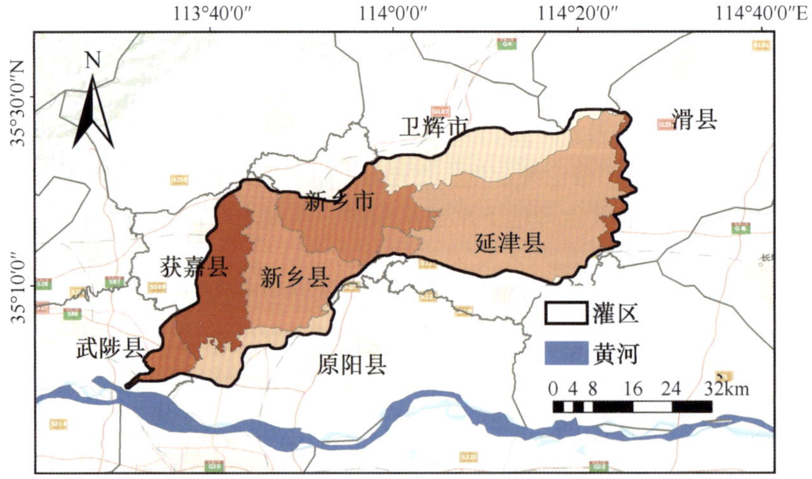


图 2.1　人民胜利渠灌区地理位置图

## 2.2 地形地貌

人民胜利渠灌区由古黄河冲积平原和太行山前冲洪积扇组成，西南部地势较高，东部地势较低，灌区地面坡度为 1∶4000，自西向东地势呈现下降地势。灌区受到黄河河道多次变迁的影响，形成了洼地、河漫滩及河槽等不同的地貌特征，主要包括黄河故道沙丘沙垄地、古黄河背河洼地、太行山前交接洼地、黄河背河洼地、原延封低洼平原、黄河滩地、古黄河滩地和郇封岭岗地（李鑫，2021），如图 2.2 所示。原延封低洼平原属于黄河大冲积扇的北翼，该地区具有多种地貌形态，如坡地、洼地、沙地和沙丘等，位于灌渠下游，黄河水补给较少，地下水位持续下降，冬春干旱、风沙较多。古黄河滩地呈东北至西南向延伸，地势平坦，具有较好的灌排条件。古黄河背河洼地地势低洼，之前曾积水成灾，地下水位高，造成大面积盐碱地，后治理排水条件已有改善。太行山前交接洼地地处于冲洪积扇地下水承泄区，加上灌溉退水，导致洼地常有积水，地下水位较高，形成盐碱地，目前已改善，但地下水矿化度较高，在 2000~4000mg/L 之间。

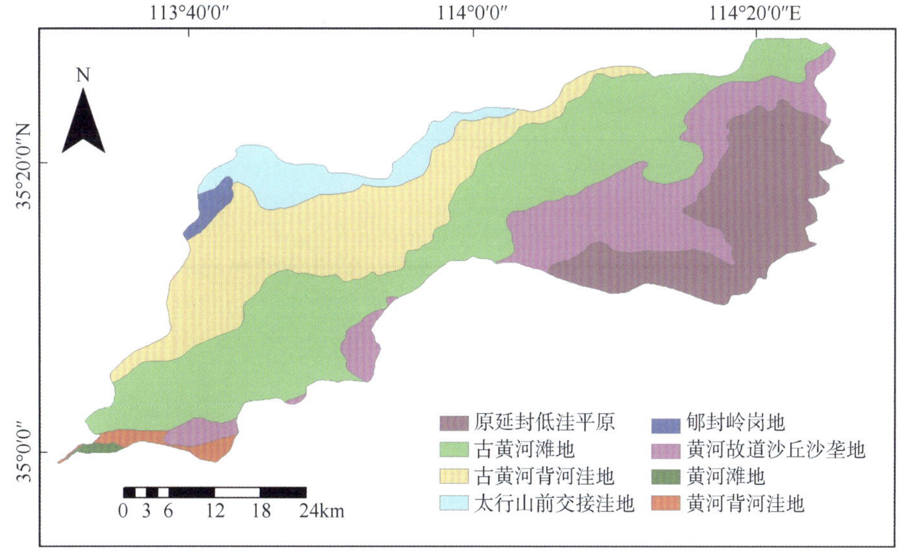


图 2.2 研究区地貌图

## 2.3 气象水文条件

人民胜利渠灌区属于暖温带大陆性季风性气候区，多年平均气温在 14.5℃左右，多年平均降水量为 573.98mm，年内降水分布不均匀，夏季降水比较多，6—9 月份的降水量占全年降水总量的 70%~80%，灌区多年平均潜在蒸散发能力较大，达到 864mm（赵雨婷，2016）。

研究区主要的河流有卫河、东孟姜女河和西孟姜女河。卫河位于灌区的北部，年平均流量为 65.3m$^3$/s，主要负责排泄灌区内涝水和地下水，汛期排泄水量占总排泄水量的

50%左右，其中汛期排水量为$3247\times10^4m^3$。东孟姜女河位于灌区中部，全长为33km，流域面积为$383km^2$，排水流量达到$53m^3/s$，年平均排水量为$6715\times10^4m^3$。西孟姜女河位于灌区西部，河水水质污染严重，河道内出现泥沙淤积的现象，河道实际过水能力远小于预期河道过水能力，只有设计过水流量的48%。

## 2.4 地质条件

根据《河南省新乡县区域水文地质调查》成果，人民胜利渠灌区地层按照从老到新可分为5个地层，依次为：新近系上新统、第四系下更新统、第四系中更新统、第四系上更新统和第四系全新统。

（1）新近系上新统

棕红色黏土、粉质黏土，中夹粗砂、中砂、细砂为该地层的岩性。顶板埋深40~240m，最大揭露厚度为1001.09m。

（2）第四系下更新统

该地层为冰积地层，以灰黄、暗黄、棕红、紫红色黏土、粉质黏土，泥包砾，夹粉砂、细砂层为岩性。顶板埋深30~190m，厚度为15~70m，砂层厚度为16~60m。

（3）第四系中更新统

该地层下部为中、细砂，上部为棕黄色粉质黏土，为洪积地层。顶板埋深25~140m，厚度为20~55m。

（4）第四系上更新统

该地层分为上、下两个部分。下部为洪积地层，岩性为浅黄色黏土，浅棕色黄土状粉质黏土夹砂层；上部为冲洪积地层，岩性棕黄色黄土状粉土、粉质黏土夹中细砂层。顶板埋深10~93m，厚度为30~70m，其中砂层厚度为15~60m。

（5）第四系全新统

第四系全新统一段为冲积、洪积地层，岩性为浅黄色粉质黏土和粉土夹中细砂层。全新统二段为冲积、洪积、风积地层，岩性为灰黄色黏土、粉砂、细砂和淤泥质粉质黏土。全新统三段为沼泽堆积地层，岩性为灰黄色泥质粉砂夹粉土或淤泥质粉质黏土薄层。

## 2.5 水文地质条件

依据含水介质及类型，区域调查深度范围内地下水可划分为松散岩类孔隙水和半胶结碎屑岩类裂隙水两类（赵雨婷，2016）。根据含水层埋深条件可分为浅层含水组、中深含水组和深层含水组。浅层水为潜水-微承压水，冲洪积和风积的粗砂、中砂、细砂岩层为主要含水介质，每层厚度在8~80m，2、3、4层属于可见层，自南向北厚度逐渐变薄，总厚度为44~110m。按5m的降深，地下水又可分为强、中、弱3个富水区，其中灌区西部关堤一带为强富水区（$>3000m^3/d$），灌区中部获嘉一带为中富水区（$1000\sim3000m^3/d$），灌区北部共产主义渠附近为弱富水区（$<1000m^3/d$）。

## 2.6 社会经济状况

人民胜利渠灌区共计47个乡（镇），973个村，总人口为265.4万人，其中农业人口165.31万人，总劳动力为80.23万人。

灌区发展经济的基础产业是农业，小麦、棉花、玉米、水稻、油菜和花生是区内主要种植作物，大部分地区实行一年两熟制度，播种面积226.13万亩，复播指数为1.7。其中以小麦、玉米、水稻为主的粮食作物面积占89%，亩均单产360kg，经济作物亩产仅为50kg。虽然全灌区农业生产发展迅猛，但是从整体来看，区内粮食比重大，经济作物比重小，农业产值比重大，林、牧、渔产值比重小，农民收入增长缓慢的现象仍然存在，说明灌区农业结构调整还有不足之处，不能满足市场需求。今后农业生产结构的调整要以市场需求为依据，继续推进灌区农田标准化建设，转变经营方式，通过科技手段提高粮食的产量，从而扩大经济作物种植面积，使农业生产力和生产综合效益得到双面提升。

# 第3章　灌区地下水动力场演变特征

地下水流动状况影响地下水水化学演变过程，尤其是20世纪70年代以来，地下水开采量加大，水位持续下降，在灌区内先后产生了以董庄和夏庄为中心的地下水降落漏斗，局部地下水径流方向发生变化，势必对地下水化学场产生影响，因此本章重点论述地下水动力场演变过程。

## 3.1　研究方法

### 3.1.1　地下水位观测点分布

人民胜利渠灌区地下水位观测点分布如图3.1所示，根据1975—2021年月平均及年平均地下水位埋深数据，分析地下水时空演变特征。

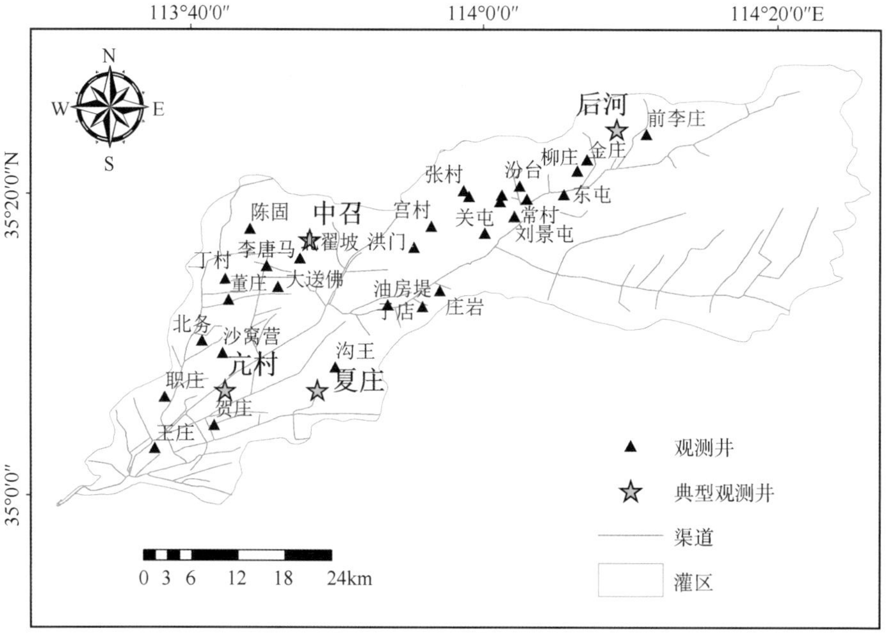


图3.1　地下水位观测井分布图

### 3.1.2　时间演变分析方法

在渠首、西北、中部和东北地区选取4个典型观测井，分别为亢村、中召、夏庄和后河，通过绘制典型观测井的年际与年内水位埋深曲线，由此分析灌区的地下水位时间动态特征。

### 3.1.3 空间演变分析方法

根据图 3.1 中观测井地下水位数据，利用 ArcGIS 10.3 软件，采用克里金（Kriging）插值方法，生成不同年份、不同时段的地下水位栅格图，从而得出灌区地下水位空间分布情况，由此分析出地下水位空间变化特征。

克里金插值法是一种实用的空间插值的方法，它是以南非矿业工程师D. G. Krige 的名字命名（吴信才，2002）。该方法从结构和变异函数的角度出发，将研究区内各变量值进行无偏最优估计的空间数据插值方法。克里金插值法不仅考虑了待估数据与已知数据位置的相互关系，而且还能计算出二者间的误差，从而保证了估计值的可靠性。

观测数据之间的空间关系由克里金插值法所生成的变异函数和协方差函数获得。设 $Z(x)$ 是点承载的区域化变量，并且是二阶平稳或本征的，$Z_i(i=1,2,\cdots,n)$ 是一组离散的信息样品数据，是在点承载域 $x_i(i=1,2,\cdots,n)$ 上定义，其中，点 $x_0$ 处的估计值 $Z_0=\sum_{i=1}^{n}\lambda_i Z_i$。依据克里金插值方法的基本原则，求解方程组 3.1，且须在估计方差最小和估计量无偏的情况下得出 $n$ 个权重系数。

$$\begin{cases}\sum_{i=1}^{n}\lambda_i\gamma(x_i,x_j)+\mu=\gamma(x_j,x_0),\ j=1,2,\cdots,n\\ \sum_{i=1}^{n}\lambda_i=1\end{cases}\tag{3.1}$$

克里金插值方法采样点的数量不会对插值效果产生影响，但是样点的数量直接关系到方程组的个数，因此，该方法计算量较大。克里金插值方法是利用空间统计学进行空间插值的，可以将插值间误差和对误差做逐点理论估计，从而防止边界效应的产生（孙甲岚等，2012）。相较于其他的空间插值方法，该方法具有确定性强、精度高和外推能力好的特点，使得结果更接近于实际情况，是一种应用广泛的空间插值方法。

### 3.1.4 漏斗演变分析方法

经验模态分解（Empirical Mode Decomposition，简称 EMD）是对一种信号进行平稳化处理，将信号中的不同尺度的波段或趋势项提取出来，从而得到一系列的不同特征尺度的经验模态函数（Intrinsic Mode Function，简称 IMF）和一个残余项（Huang et al.，1998；龚志强等，2005）。基于 EMD 的自回归（Autoregression，简称 AR）模型建模步骤具体如下所示。

步骤 1：提取原始时间信号的 IMF 和残余项。提取 IMF 过程中，IMF 必须符合两个条件：$I(t)$ 极值的数量（最大值和最小值数量之和）与零穿越的数量必须相等或最多相差 1；在 $I(t)$ 的任意点，局部最大值定义的包络线的平均值和局部最小值定义的包络线的平均值应该等于零，提取过程可以通过“筛选”步骤来完成（戴吾蛟等，2006；王笑蕾等，2018）。原始时间序列 $D(t)$ 表示为：

$$D(t) = \sum_{i}^{n} I_i(t) + r_n(t) \tag{3.2}$$

式中：$r_n$ 表示最终的残余项；$I_i$ 表示不同频率的 IMF。

步骤 2：对所有的经验模态函数 IMFs 分别建立 AR 模型（玄兆燕等，2008；练继建等，2017）。AR 模型计算流程图如图 3.2 所示，模型数学表达式为：

$$x_i = \mu + \varphi_1(x_{i-1} - \mu) + \varphi_2(x_{i-2} - \mu) + \cdots + \varphi_p(x_{i-p} - \mu) + \varepsilon_t \tag{3.3}$$

式中：$\mu$ 为序列均值；$\varphi_1$、$\varphi_2 \cdots \varphi_p$ 为自回归系数；$\varepsilon_t$ 为白噪声项。

### 3.1.4.1 平稳性及白噪声性检验

AR 模型要求时间序列是平稳的非白噪声序列，因此需对 EMD 分解的各经验模态函数 IMFs 先进行平稳性检验再进行白噪声性检验。数据的平稳性采用单位根来进行检验，若不存在单位根，则时间序列平稳，若存在单位根，则时间序列不平稳（李艺珍等，2019）。对于不平稳的时间序列采用差分处理，直到时间序列平稳，通过单位根检验（刘罗曼，2010）。序列的白噪声性检验采用 Ljung-Box Q 检验的方法，用以检验时间序列是否存在自相关，若时间序列存在自相关，则序列为非白噪声性序列，否则为白噪声性序列（田应福等，2015）。上述检验过程均由 Eviews 专业统计学软件完成。

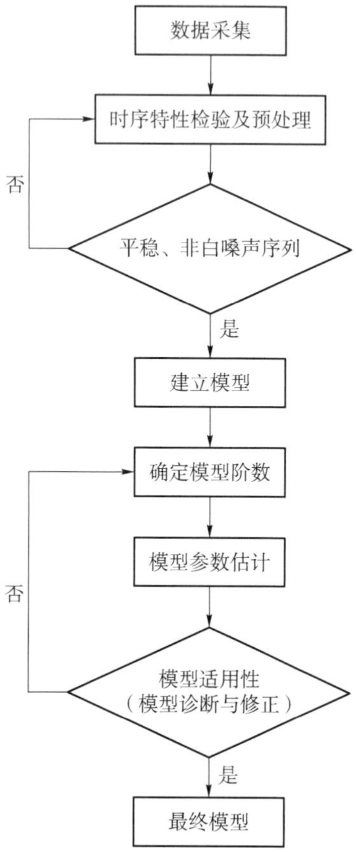

图 3.2　AR 模型计算流程图

### 3.1.4.2 模型阶数和参数估计

模型阶数的确定是模型参数（$\varphi_i$，$\mu$，$\varepsilon_t$）估计的前提条件，此外模型适用性检验的核心就是解决模型的定阶问题。本书采用 AIC 准则确定 AR 模型阶数（王元超，2015；杨柳春，2013），其计算公式为：

$$AIC(p) = N\ln \sigma_a^2 + 2p \tag{3.4}$$

$$\sigma_a^2 = \frac{1}{N}\sum_{t=1}^{N} a_t^2 \tag{3.5}$$

式中：$p$ 为模型的阶次；$N$ 为序列长度；$\sigma_a^2$ 为 2 阶原点矩；$a_t$ 为残差。参数估计就是再给定模型阶次的情况下，利用最小二乘法估计出模型的参数，当 AIC 取得最小值时的阶数为模型的最佳阶数，此时的模型参数为最终确定参数。

### 3.1.4.3 模型的诊断与修正

对各经验模态函数 IMFs 建立的 AR 模型进行残差序列相关检验和残差异方差检验，通过一系列检验来验证模型的准确性。对没有通过检验的模型进行修正，使其通过检验，以实现对模型的应用。本书采用拉格朗日乘数检验（Lagrange Multiplier Test，简称 LMT）对残差序列相关性进行检验；采用怀特检验（White Test，简称 WT）对残差异方差进行检验（张凌翔等，2010）。

### 3.1.4.4 OLS 回归模型

本书使用 OLS 分析漏斗面积与中心水位的关系。在地下水漏斗演变过程中，漏斗中心水位和漏斗面积关联性较大，通过夏庄漏斗处的中心水位和漏斗面积的相关分析，二者呈现高度相关，且二次函数拟合时 $R^2$ 值最大，拟合程度最好。建立二者的回归方程，数学表达式为：

$$Y = aX^2 + bX + c \tag{3.6}$$

式中：$a$、$b$ 分别为一次项和二次项系数；$c$ 为常数。

## 3.2 时间演变特征

### 3.2.1 地下水位年际变化特征

选取灌区内亢村、中召、夏庄及后河为典型观测井，分别代表渠首、西北、中部和东北地区。根据典型观测井 1975—2021 年地下水位观测数据，绘制各个典型观测井的年际变化曲线，由图 3.3 可知，地下水位总体表现出下降趋势，只是在灌区不同位置地下水位下降幅度有所差异。

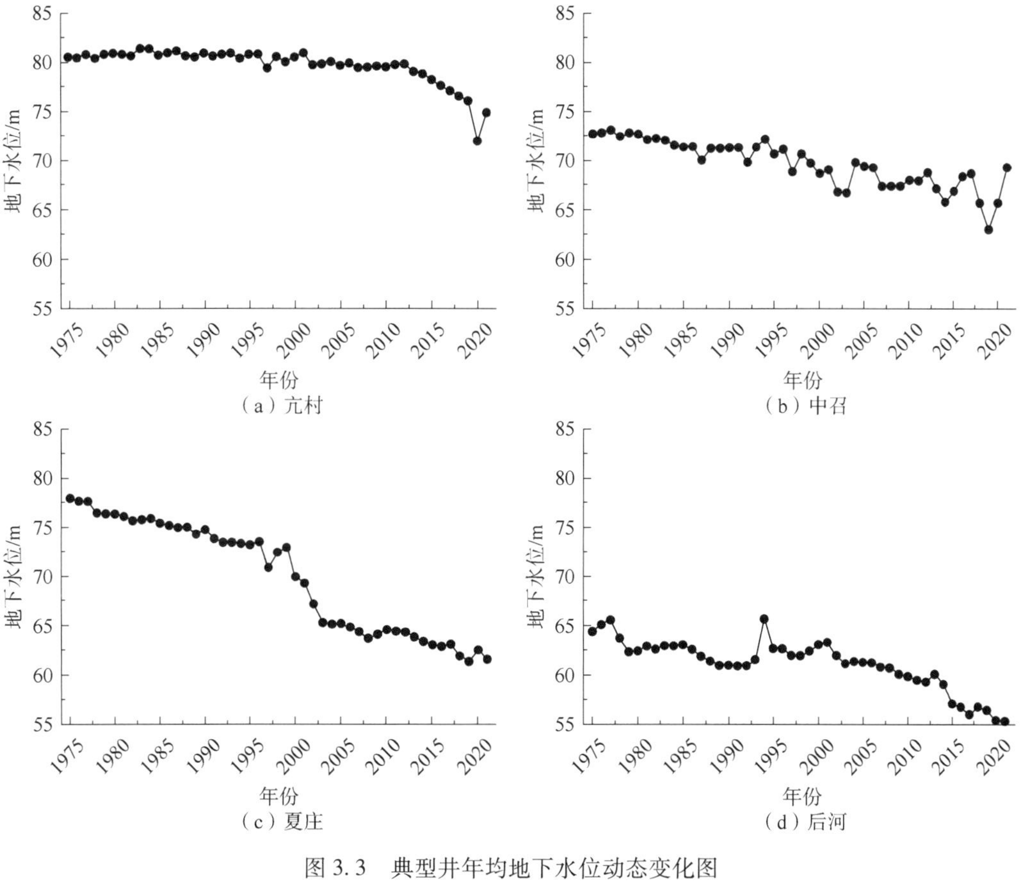


（a）亢村　（b）中召　（c）夏庄　（d）后河

图 3.3　典型井年均地下水位动态变化图

1）亢村，位于灌区渠首地区，1975—2001 年地下水位起伏不大，2002—2021 年地下水位总体呈现下降趋势。1975—2001 年地下水位在 80.5m 上下波动；2002—2012 年地下水位相较1975—2001年下降1m左右，地下水位在79.5m上下波动，2013年以后地下水位进入稳定下降阶段，2013—2019年地下水位下降速度为0.49m/a，2021年地下水位稍微上升，但总体呈现下降趋势。

2）中召，位于灌区西北地区，1975—2021年地下水位总体呈现下降趋势，且下降波动性越来越大。1975—1991年地下水位呈现稳定下降，地下水位由1975年的72.72m下降到1991年的71.34m，波动性相对较小；1992—2021年地下水位持续下降，且波动性越来越大，地下水位最低下降至63.05m，与最高地下水位72.2m相差9.15m。

3）夏庄，位于灌区中部地区，1975—2021年地下水位总体呈现下降趋势，1996—2003年下降幅度较大。1975—1995年地下水位呈现稳定下降，地下水位由1975年的78.01m下降到1991年的73.28m，下降速度为0.22m/a；1996—2003年地下水位急剧下降，由1996年的73.61m下降到2003年的65.41m，下降速度为1.17m/a；2004—2021年地下水位继续下降，由2004年的65.24m下降到2021年的61.96m，下降速度为0.19m/a。

4）后河，位于灌区东北地区，1975—2001年地下水位波动幅度较小，2002—2021年地下水位呈现下降趋势。1975—2001年地下水位在61~65m内波动；2002—2012年地下水位呈现稳定下降，地下水位由2002年的62.01m下降到2012年的59.41m，下降速度为0.27m/a，2013—2021年地下水位下降幅度比2002—2012年大，地下水位由2013年的60.22m下降到2021年的55.42m，下降速度为0.6m/a。

综上所述，除渠首地区亢村观测井外，其他观测井呈现明显的下降趋势，其中中部地区夏庄地下水位下降幅度较大，为16.32m，其次是东北地区和西北地区，波动幅度或者下降幅度为10m左右，渠首地区亢村下降幅度较小，为6.5m左右。1975—1995年各观测井地下水位波动幅度或者下降幅度相对较小，1996—2021年地下水位波动幅度或者下降幅度相对较大。

### 3.2.2 地下水位年内变化特征

选取灌区内亢村、中召、夏庄及后河为典型观测井，根据典型观测井丰、平、枯水年地下水位观测数据，绘制各个典型观测井的年内变化曲线，由图3.4可知，地下水位丰水年内变化比平、枯水年内变化起伏明显，地下水动态类型为人工开采-降水入渗型。

亢村观测井丰水年地下水位季节变化比平、枯水年大，丰水季节地下水位均呈现上升趋势。丰水年年内水位变化在2m左右，1—8月份地下水位呈上升趋势，8月份水位最高，地下水位埋深为0.77m，8月份以后水位呈下降趋势。平水年与枯水年地下水位变化规律大致相同，地下水位变化在1m左右，因春季需要开采地下水补充灌溉，均在3—6月份出现水位下降的现象，6月份以后随着降水的增多地下水位开始回升，7月份以后随降水量的减少地下水位再度出现下降趋势。由于平、枯水年降水量小于丰水年，与丰水年相比较，地下水位上升幅度减小，地下水位抬升时间滞后。

中召观测井年内地下水位季节性变化明显，丰、平水年地下水位在丰水季节呈现上升趋势。丰水年在3—4月春灌期地下水位明显下降，5月份以后随着降水量增多，地下水受到降水量的补给水位明显回升，10月份之后由于降水量的减少水位再次下降。平水年地下水位变化较大，在3—6月份地下水位表现出明显的下降趋势，7—9月份地下水位表

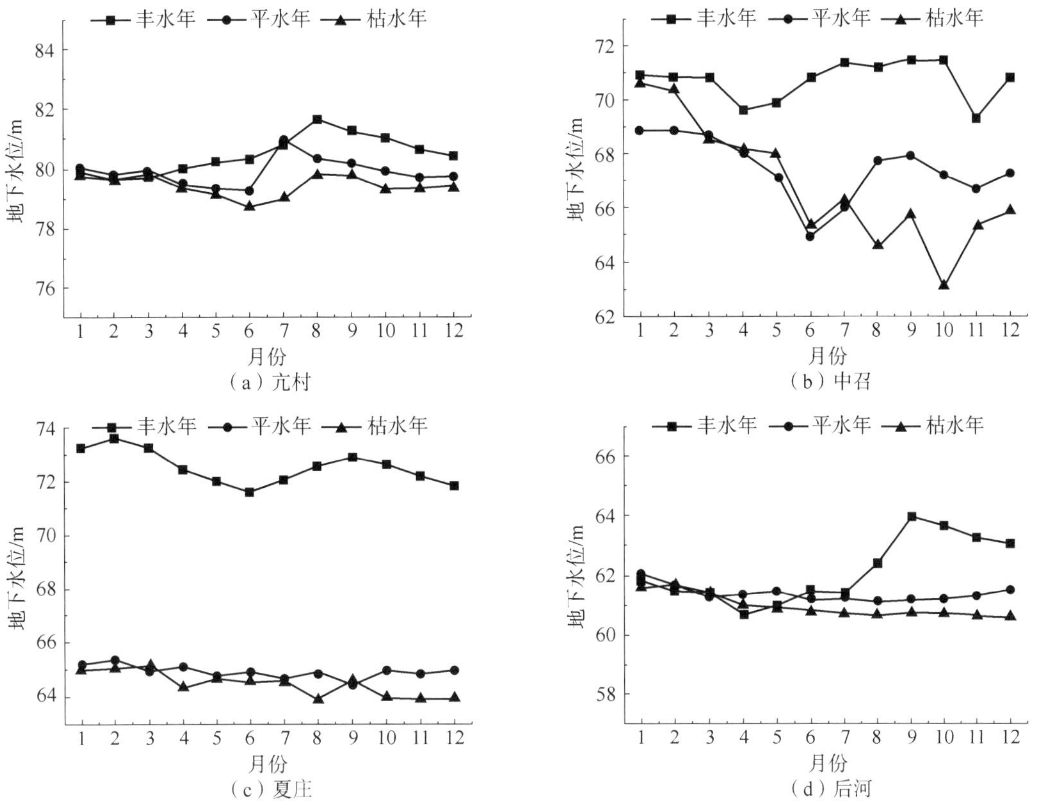


图 3.4　典型井年内地下水位动态变化图

现出明显的上升趋势。枯水年地下水位整体呈下降趋势，主要原因在于枯水年降水量较少，补给地下水量较少，同时农作物需水量较大，需要灌溉开采地下水量较多，使得地下水位下降明显。

夏庄观测井丰水年地下水位季节性变化比平、枯水年大，平、枯水年年内地水位季节性变化不明显。丰水年内水位变化在 3m 左右，年内地下水位季节性变化较明显，在人为开采和降水的共同作用下，2—6 月份地下水位下降，7—9 月份水位出现回升现象。平、枯水年内水位变化在 0.5m 左右，年内水位季节性变化不明显，地下水位埋深均在 65m 左右，由于平、枯水年降水量少，地下水的动态变化还受到灌溉及开采等多重因素影响，使地下水这种微弱的动态变化表现得更为复杂。

后河观测井丰水年地下水位呈现出较明显的季节性变化，平、枯水年地下水位季节性变化较小。丰水年地下水位从 7 月份的 61.49m 上升至 9 月份 63.94m，9 月份之后地下水位开始下降。平水年地下水位变化平稳，基本保持在 61~62m。由于降水量较小，枯水年地下水位较低且呈下降趋势，但下降幅度不大。

综上所述，灌区年内地下水位变化主要与灌溉开采和降水有关。丰水季节，降水量增大，降水入渗补给地下水量增多；并且丰水季节研究区内农作物以种植夏玉米为主，降水量基本能满足夏玉米需水要求，灌溉需要开采的地下水量较小，即丰水期补给量增多、开采量减小，因此地下水位抬升。枯水期降水量减小，降水补给地下水量减少；

另一方面枯水期农作物以种植冬小麦为主，冬小麦需水量较大，需要灌溉开采的地下水量就较多，尤其在冬小麦的关键生育期（如3—4月份），除部分地区可以用渠水灌溉外，大部分地区均要开采地下水进行春灌，地下水位下降明显。即枯水季节，降水补给地下水量减小和开采量增多从源、汇两个方向加剧了地下水系统负均衡态势，使地下水位下降明显。

## 3.3 空间演变特征

利用灌区地下水观测井的水位数据资料，结合ArcGIS 10.3软件，采用克里金插值法对灌区地下水位进行插值，绘制灌区地下水位空间分布图，如图3.5所示。灌区地下水位呈西高东低的分布特征，总体呈现逐年递减趋势。

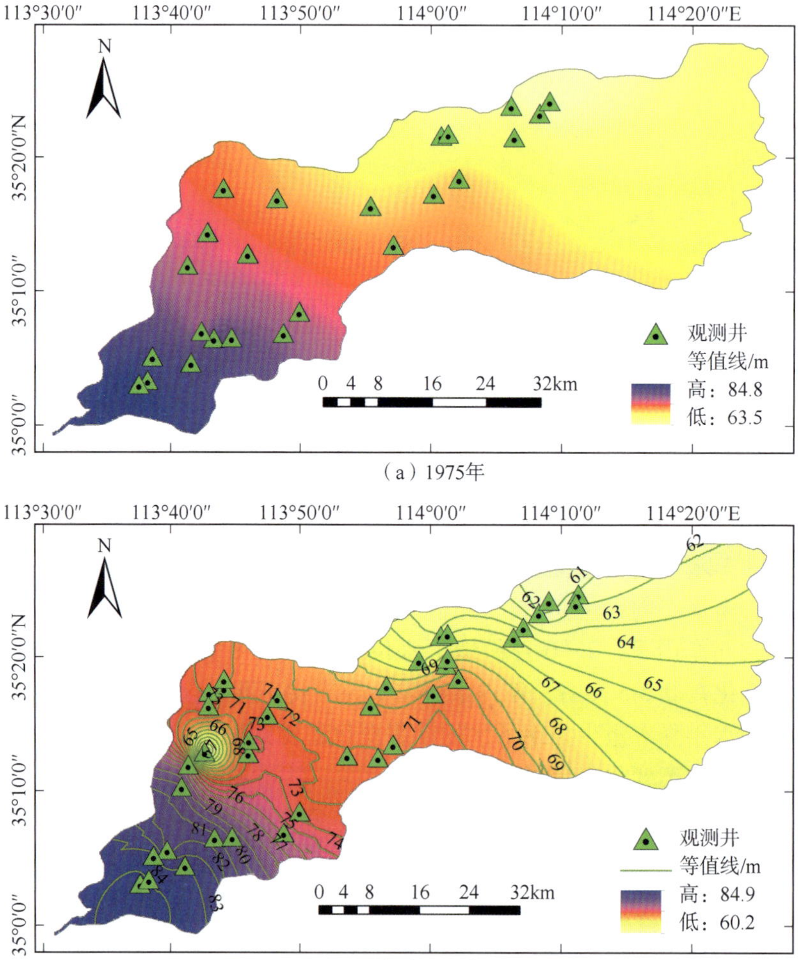


（a）1975年

（b）1990年

图3.5 研究区地下水位分布图

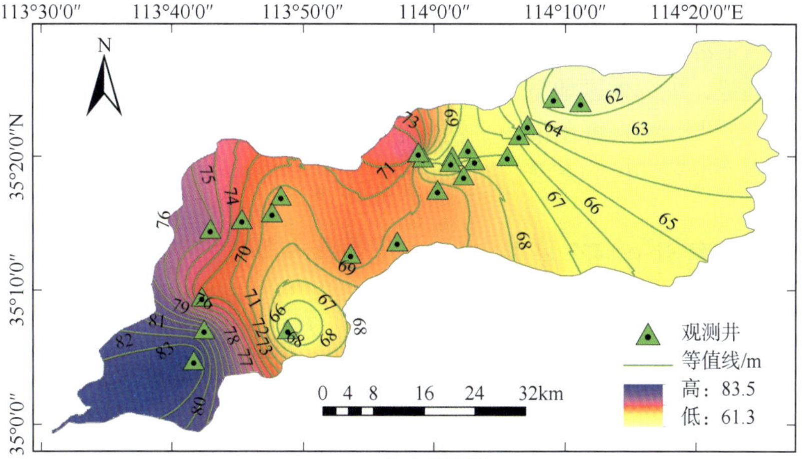


（c）2005年

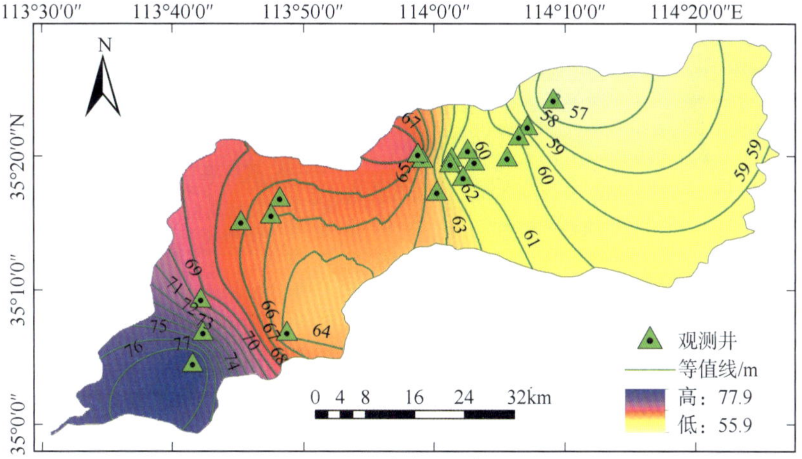


（d）2020年

图 3.5　研究区地下水位分布图（续）

1975 年灌区大部分地区水位在 70～80m 之间，灌区地下水位沿西南向东北方向流动，高水位区集中在灌区的西南部，最高水位为 84m，低水位区则集中在灌区的东北部，最低水位为 66m。

1995 年灌区大部分地区水位在 70m 之间，高水位区集中在灌区的西南部，最高水位为 82m，低水位区则集中在灌区的东北部，最低水位为 62m。等水位线密集区集中于灌区西部董庄、程遇附近以及北部张村、金庄附近，并且以董庄为中心形成降落漏斗。

2005 年灌区大部分地区水位在 66～70m 之间，高水位区集中在灌区的西南部，最高水位为 82m，低水位区则集中于灌区的东北部，最低水位为 62m。等水位线密集区集中在灌区东部的亢村、刘堤附近和北部的柳庄、金庄附近，并且在夏庄附近形成降落漏斗。

2020 年灌区大部分地区水位在 60～66m 之间，高水位区仍然集中在灌区的西南部，最高水位为 76m，低水位区集中在灌区的东北部，最低水位为 56m。等水位线密集区集中于灌区东部刘堤、亢村附近和北部李亨屯、赵庄附近，并且在夏庄附近形成了更大的降落漏斗。

综上所述，灌区地下水位呈西高东低的分布特征，沿西南—东北方向递减，最高地下水位分布在西南地区的黄河滩区引黄口处，最低水位则位于灌区东北地区。灌区地下水位整体呈现下降趋势，中部地区地下水位下降幅度较大，其次是东北地区。由于中部地区地下水位下降幅度较大，形成降落漏斗，使地下水流向也发生了改变，从 1975 年的西南流向东北变为流向中部漏斗区和东北。

## 3.4 地下水漏斗的形成与演变

### 3.4.1 地下水漏斗形成过程

为分析研究区内地下水漏斗的产生时间及演变特征，根据 1975—2021 年地下水位埋深数据，利用 ArcGIS 地统计学模块克里金插值法对地下水位进行空间插值，并绘制每年的地下水水位等值线图，地下水位变化明显的年份地下水水位情况如图 3.6 所示。

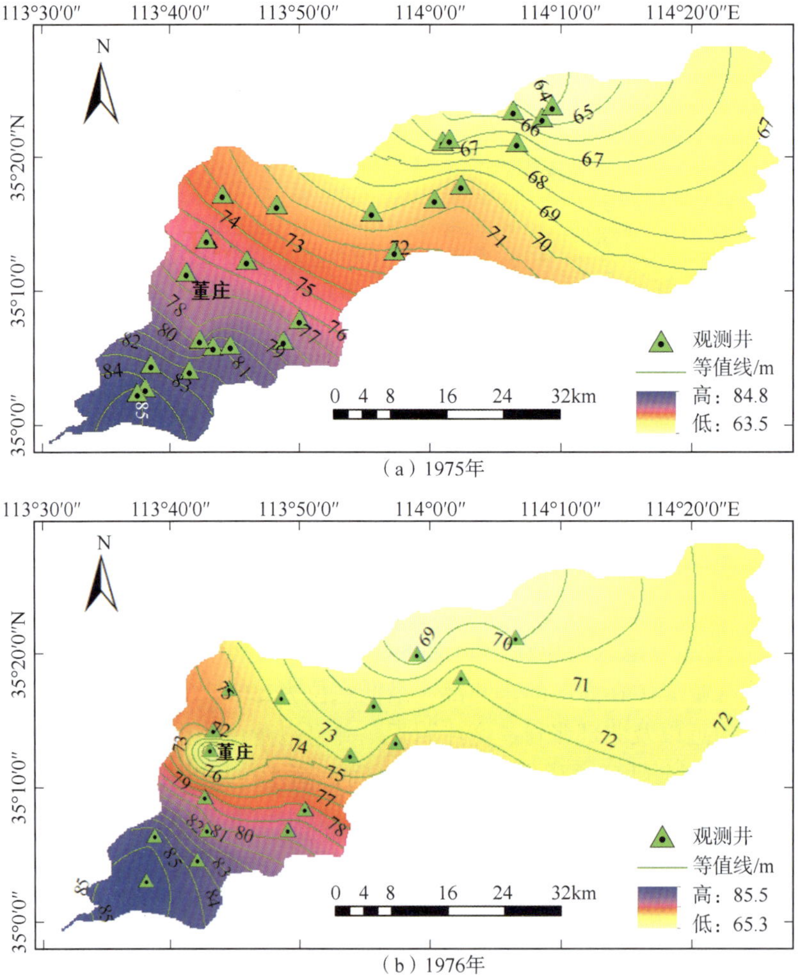


（a）1975年

（b）1976年

图 3.6 地下水漏斗形成过程图

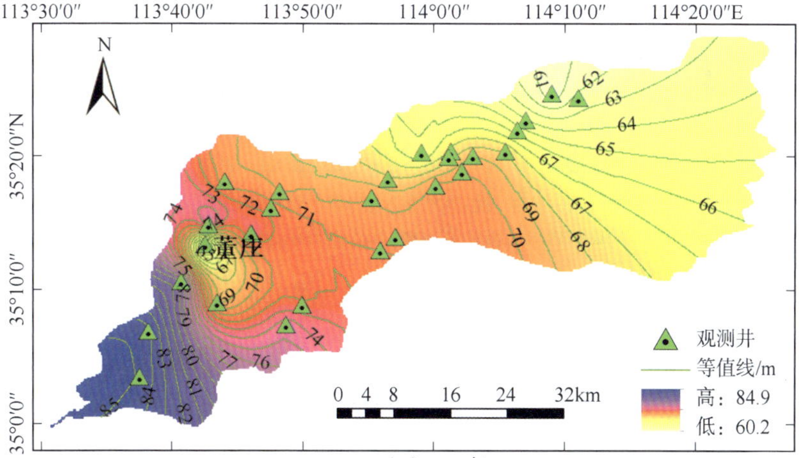


（c）1990年

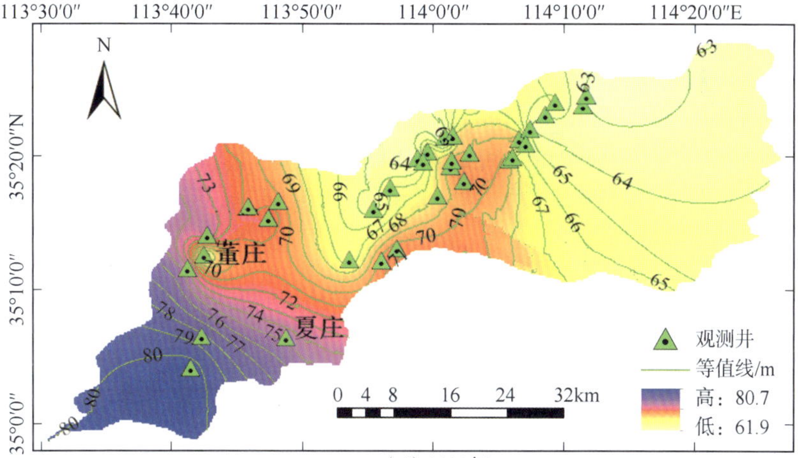


（d）2000年

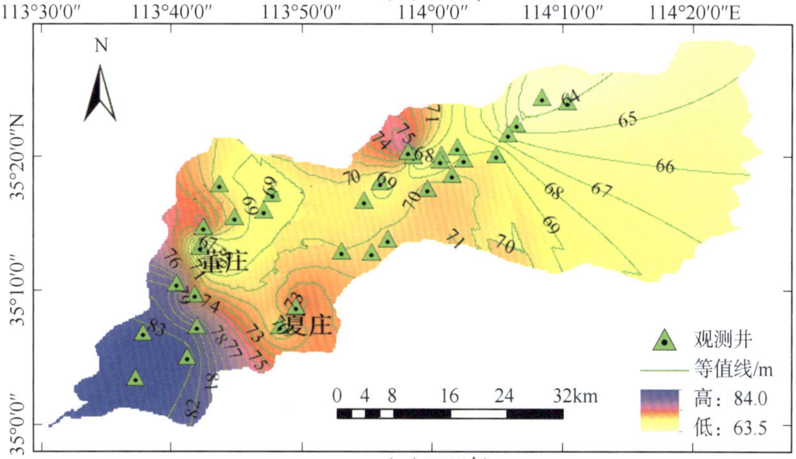


（e）2001年

图3.6　地下水漏斗形成过程图（续）

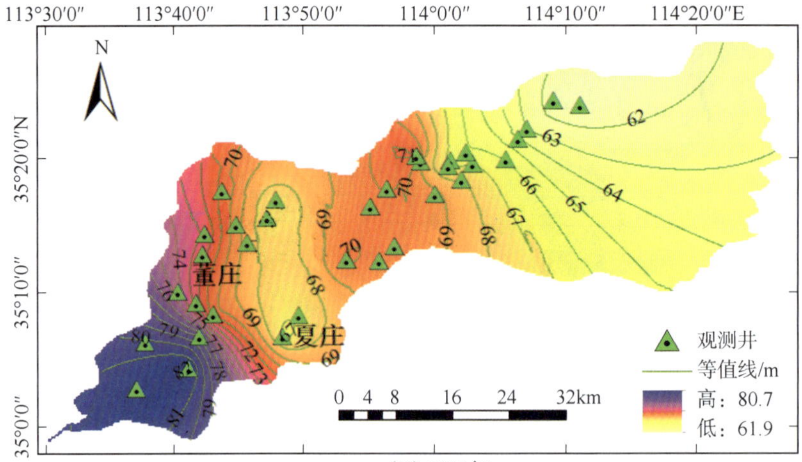


（f）2003年

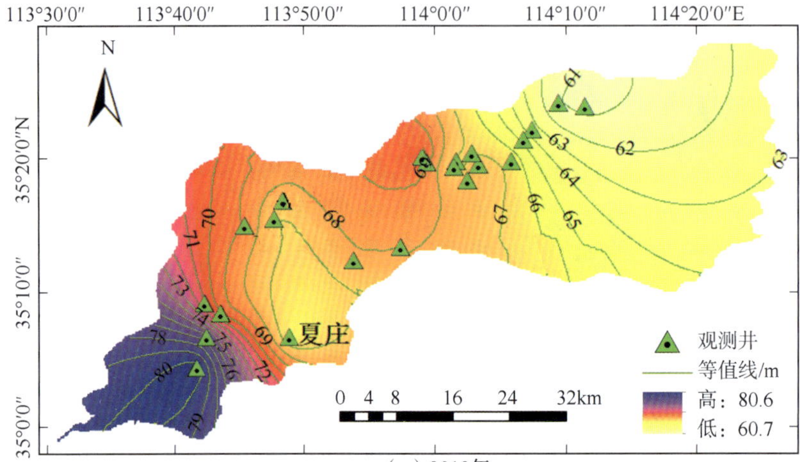


（g）2013年

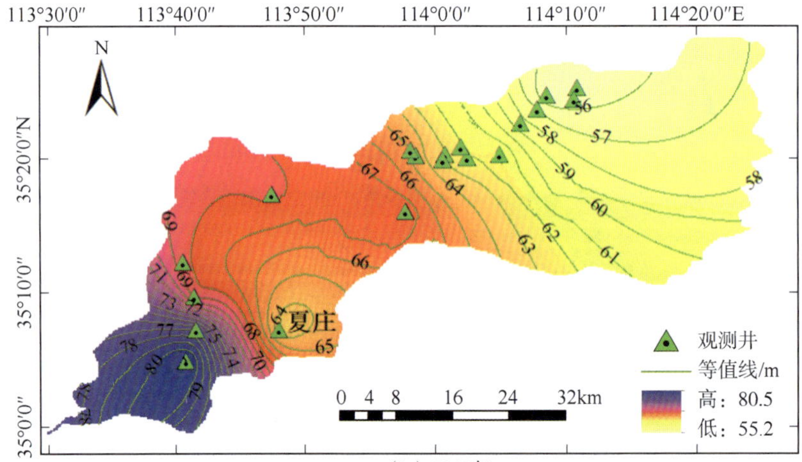


（h）2017年

图 3.6　地下水漏斗形成过程图（续）

由图 3.6（a）和图 3.6（b）对比可知，1975 年以前灌区未出现地下水降落漏斗，见图 3.6（a），1976 年在灌区的中部形成以董庄为中心的地下水降落漏斗，但地下水漏斗范围较小，见图 3.6（b）。随后漏斗面积逐渐扩大，1990 年董庄漏斗面积达到最大，如图 3.6（c）所示。图 3.6（d）和图 3.6（e）对比发现，2000 年漏斗中心仍然在董庄，见图 3.6（d），与 1990 年相比只是漏斗面积有所变化，至 2001 年，以夏庄为中心的地下水漏斗开始逐渐形成，但此时董庄漏斗和夏庄漏斗基本相对独立，未形成统一的漏斗，见图 3.6（e）。至 2003 年，随着地下水位的持续下降，董庄漏斗和夏庄漏斗连通，形成了一个面积更大的地下水降落漏斗，见图 3.6（f）。图 3.6（g）和图 3.6（h）表明，随着时间的推移，降落漏斗中心逐渐转移至夏庄附近，并且漏斗面积持续扩大至研究区外围。

综上所述，研究区地下水漏斗演变大致经历了 3 个阶段。第一个阶段为 1975 年以前，灌区未出现明显的地下水降落漏斗，地下水位等值线分布相对均匀，地下水由灌区西南向东北方向流动。第二个阶段为 1975—2000 年，地下水漏斗开始出现，此阶段地下水漏斗中心在董庄附近。当地下水漏斗出现后，地下水流场发生了明显变化，形成了以地下水漏斗为中心的局部地下水流动系统。灌区地下水位等值线变得疏密不一，漏斗区等值线密集，水力梯度大，非漏斗区等值线稀疏，水力梯度相对较小。第三阶段为 2001 年至现在，随着地下水位的持续下降，漏斗面积逐渐增加，董庄漏斗和夏庄漏斗连通，逐渐形成了以夏庄为中心的更大的地下水降落漏斗，至 2017 年漏斗边界已扩展至研究区外围。

### 3.4.2 漏斗中心水位及面积演变

漏斗中心水位及面积是衡量漏斗发展的重要表征，地下水降落漏斗中心及其水位变化反映了漏斗的位置及垂向演变特征；漏斗面积反映了地下水降落漏斗水平发展特征。研究区地下水漏斗演变特征如图 3.7 所示。

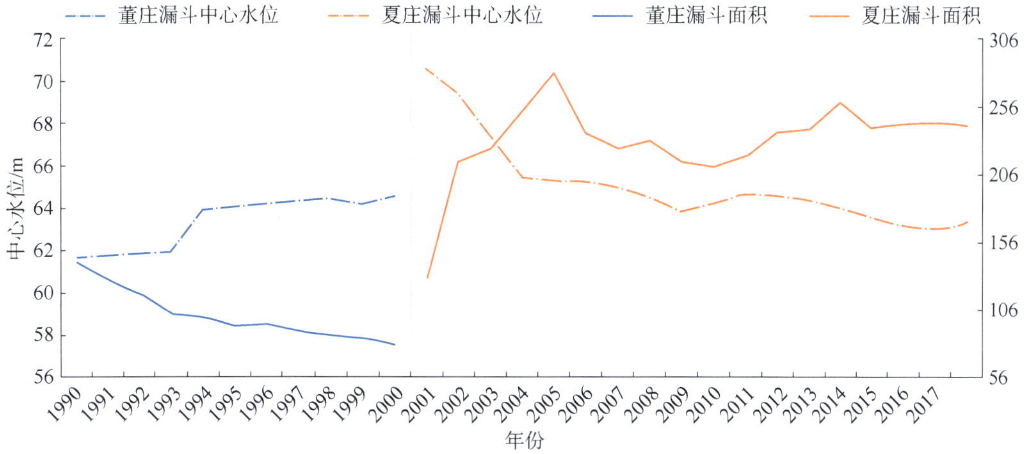


图 3.7 漏斗中心水位及面积年际变化图

由图 3.7 可知，1990 年之前，董庄地下水水位不断下降，地下水漏斗面积逐年变大。1990 年之后，漏斗中心水位逐年恢复，漏斗面积逐渐变小，整个变化过程较为平缓。1990—2000 年董庄漏斗中心水位上涨约 2m，漏斗面积减小了约 $60km^2$。2001 年漏斗中心转移至夏庄，形成以夏庄为中心的地下水降落漏斗。与董庄相比，夏庄漏斗中心水位与漏斗面积的变化情况大致为两个阶段。2001—2005 年二者变化幅度较大，漏斗中心水位下降了约 5m，漏斗面积增加了 150km$^2$。2006—2017 年二者变化幅度明显变小，漏斗中心水位下降了约 2m，面积增加了约 5km$^2$。

综上所述，董庄漏斗变化过程与夏庄漏斗变化过程有所不同，董庄漏斗中心水位先下降后上升，面积先增大后减小，两者变化幅度相对较小，总体呈负相关关系。夏庄漏斗中心水位和漏斗面积演变经历两个阶段，第一个阶段为 2001—2005 年，变化明显，水位迅速下降，面积快速增加；第二阶段为 2005 年之后，两者变化相对平稳，总体呈现明显的负相关关系。

## 3.4.3 漏斗中心水位及面积模型构建

### 3.4.3.1 漏斗中心水位预测模型构建

选取 1953—2017 年夏庄漏斗中心处的水位数据，利用 EMD 方法，将漏斗中心水位数据分解成 4 个经验模态函数（IMFs），分解结果如图 3.8 所示。由图 3.8 分析可知，人民胜利渠灌区的地下水位变化过程是非平稳和非线性的，是由多种波动成分共同作用的结果，从中可以提取出 4 种不同波段的经验模态分量 IMF 和一个残余项。IMF1 波动周期不明显，波动幅度变化比较大；IMF2 波动周期与 IMF1 相比变化明显，波动周期为准 10a，波动幅度变小；IMF3 波动周期相比于 IMF2 变大，波动周期为准 15a，波动幅度小于 0.5m；IMF4 波动周期最长，波动周期为准 27a，波动幅度在 1983 年以前变化最小，1983 年后变化最大；残余项表明漏斗中心水位呈逐年下降趋势。

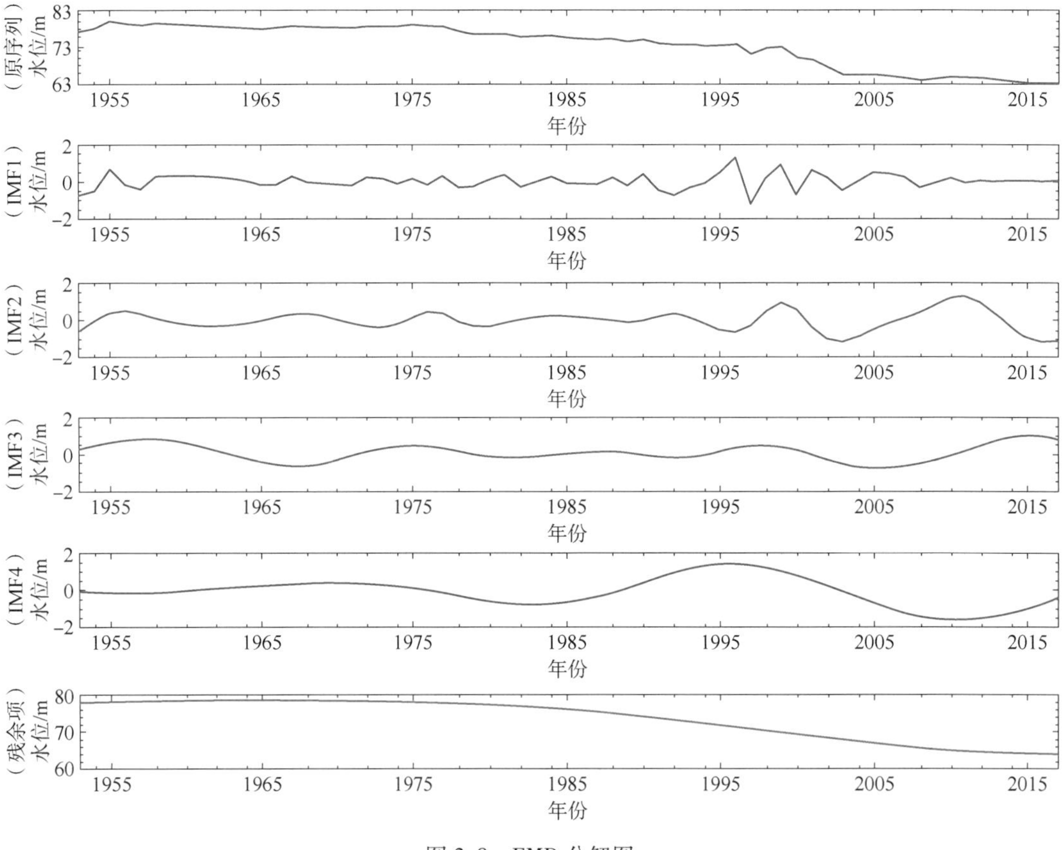


图 3.8 EMD 分解图

对 4 个经验模态函数（IMFs）进行检验，检验结果均为平稳的非白噪声序列。由 AIC 准则确定 IMF1、IMF2、IMF3 和 IMF4 的 AR 模型分别为 AR（2）、AR（4）、AR（6）和 AR（6）。AR 模型参数计算结果见表 3.1。

**表 3.1　AR 模型参数计算**

| 参数 | IMF1 | IMF2 | IMF3 | IMF4 |
|---|---|---|---|---|
| $\mu$ | -0.002 | -0.048 | 0.071 | -0.143 |
| $\sigma$ | 0.399 | 0.517 | 0.479 | 0.778 |
| $c$ | 0.018 | -0.011 | 0 | 0 |
| $\varphi_1$ | -0.255 | 2.483 | 3.619 | 4.164 |
| $\varphi_2$ | -0.321 | -3.076 | -5.697 | -7.457 |
| $\varphi_3$ | — | 2.046 | 5.019 | 7.607 |
| $\varphi_4$ | — | -0.7154 | -2.755 | -4.905 |
| $\varphi_5$ | — | — | 0.984 | 1.973 |
| $\varphi_6$ | — | — | -0.204 | -0.387 |

采用拉格朗日乘数检验（LMT）与怀特检验（WT）分别对残差序列进行相关性和异方差检验，结果表明各经验模态函数（IMFs）的 AR 模型均已通过检验。

选取 1953—2002 年作为模型率定期，2003—2017 年作为模型验证期，模拟预测结果由表 3.2 可知，模拟预测结果与实际观测结果拟合程度较好，相对误差均小于 5%，模型精度高，模拟效果理想，可利用此模型对未来年份漏斗中心水位进行预测。

**表 3.2　地下水位模拟预测结果误差分析**

| 年份 | 实测值/m | 模拟值/m | 绝对误差/m | 相对误差/% |
|---|---|---|---|---|
| 2003 | 65.41 | 64.28 | -1.13 | -1.75 |
| 2004 | 65.24 | 64.38 | -0.86 | -1.31 |
| 2005 | 65.32 | 64.47 | -0.85 | -1.30 |
| 2006 | 64.95 | 64.55 | -0.4 | -0.62 |
| 2007 | 64.5 | 64.64 | 0.14 | 0.22 |
| 2008 | 63.83 | 64.96 | 1.13 | 1.77 |
| 2009 | 64.24 | 65.04 | 0.8 | 1.25 |
| 2010 | 64.7 | 65.12 | 0.42 | 0.65 |
| 2011 | 64.54 | 65.19 | 0.65 | 1.01 |
| 2012 | 64.45 | 65.25 | 0.8 | 1.24 |
| 2013 | 63.96 | 65.3 | 1.34 | 2.1 |
| 2014 | 63.52 | 65.34 | 1.82 | 2.87 |
| 2015 | 63.16 | 65.37 | 2.21 | 3.5 |
| 2016 | 63.01 | 65.39 | 2.38 | 3.78 |
| 2017 | 63.23 | 65.4 | 2.17 | 3.43 |

#### 3.4.3.2 漏斗面积预测模型构建

根据2001—2017年夏庄漏斗中心水位和漏斗面积数据，利用SPSS软件的OLS回归分析模块对中心水位和面积进行分析。通过计算确定了回归系数及模型相应参数，再通过比选，得到了最佳模型地下水漏斗面积的回归方程。模型相应参数见表3.3。

**表3.3 模型参数汇总**

| 方程 | 模型汇总 | | | | | 参数估计值 | | |
|---|---|---|---|---|---|---|---|---|
| | $R^2$ | $F$ | $df_1$ | $df_2$ | Sig. | 常数 | $b_1$ | $b_2$ |
| 线性 | 0.849 | 101.597 | 1 | 18 | 0.000 | 1221.04 | -15.23 | |
| 对数 | 0.846 | 99.215 | 1 | 18 | 0.000 | 4586.56 | 1043.50 | |
| 二次 | 0.861 | 52.867 | 2 | 17 | 0.000 | -3234.81 | 114.86 | -0.947 |

注：因变量：地下水漏斗面积/km$^2$；自变量：地下水漏斗中心水位/m。

从表3.3中看出，二次函数建立回归模型时的$R^2$值最大，拟合程度最好，因此采用二次函数建立夏庄地下水漏斗中心水位和漏斗面积回归模型。

$$Y = -0.947X^2 + 114.865X - 3234.814 \tag{3.7}$$

式中：$Y$为漏斗面积；$X$为中心水位。

### 3.4.4 漏斗中心水位及面积预测

利用EMD-AR模型对夏庄2022—2030年漏斗中心水位进行预测，预测结果如图3.9（漏斗中心水位曲线）所示，2022—2030年漏斗中心水位下降约1.5m，水位下降过程分为两个阶段。第一阶段为2025年以前，漏斗中心水位约以0.08m/a速度缓慢下降。第二阶段为2025年以后，漏斗中心水位约以每年0.25m/a速度下降。

基于水位预测结果，根据漏斗中心水位和漏斗面积回归模型对漏斗面积进行预测，预测结果如图3.9所示，2022—2030年漏斗面积增加约8.5km$^2$，面积增加过程可分为两个阶段。第一阶段为2025年以前，漏斗面积约以1.4km$^2$/a速度增加，增长速度较快。第二阶段为2025年以后，漏斗约以0.85km$^2$/a速度增加，增长速度较为缓慢。

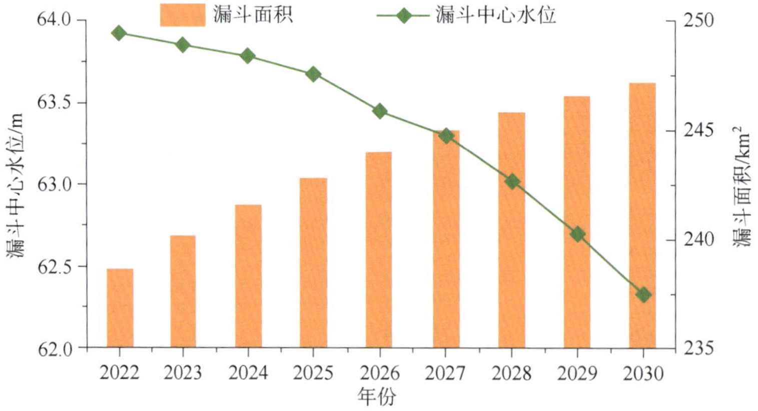


图3.9 漏斗中心水位及面积预测分析图（不考虑压采等措施）

计算结果表明，在现有条件下，灌区漏斗中心水位持续下降，漏斗面积进一步扩大，亟须采取压采措施控制漏斗的发展。

需要指出的是，本书使用的 EMD-AR 方法明显的优点是所需资料相对不多（主要为长系列水位数据和漏斗形成后的面积数据），目的是利用 EMD 对时间序列平稳化处理后的本征模函数（IMF）自身序列实现对未来情况的预测，是根据数据发展趋势进行的预测，属于统计模型的范畴，如果坡度、坡向、地面植被和开采政策等地下水影响因子不发生突变的话，数据系列具有一致性，用此方法预测效果较好。

## 3.5 小结

1）1975—2021 年灌区观测井地下水位整体呈下降趋势，其中中部地区夏庄地下水位下降幅度较大，为 16.32m，其次是东北地区和西北地区，波动幅度或者下降幅度为 10m 左右，渠首地区亢村下降幅度较小，为 6.5m 左右。

2）灌区年内地下水位变化主要与灌溉开采和降水有关。丰水季节，降水补给量增多、灌溉开采量减小，因此地下水位抬升。枯水季节降水量减小，降水补给地下水量减少，除部分地区可以用渠水灌溉外，大部分地区均要开采地下水进行春灌，地下水位下降明显。

3）1976 年以前，灌区地下水流场未发生较大变化，灌区未出现地下水漏斗。1976 年以后，灌区地下水流场开始发生改变，地下水漏斗最早出现在董庄，而后由董庄过渡，并向灌区东南方向演变，最终形成以夏庄为中心的地下水降落漏斗。采用基于经验模态分解的自回归模型和普通最小二乘线性回归模型分别对 2022—2030 年夏庄漏斗的中心水位和面积进行预测，结果表明，2022—2030 年夏庄漏斗中心水位下降了约 1.5m，面积增加了约 8.5$km^2$。以 2025 年为分界点，2025 年前后漏斗中心水位和面积变化速度不同。2022—2025 年漏斗中心水位下降速度约为 0.08m/a，漏斗面积增加速度约为 1.4$km^2$/a，2025—2030 年漏斗中心水位下降速度约为 0.25m/a，漏斗面积增加速度约为 0.85$km^2$/a。

# 第 4 章　灌区地下水化学场演变特征

地下水在径流过程中，与周围环境介质发生一系列的物理化学反应，导致其水文地球化学特征在空间分布上存在差异，水文地球化学特征在时空尺度上都发生不断的变化。因此，通过对地下水水化学的空间分布特征与演变规律的研究，可以更好地揭示地下水与环境的相互作用机制。本章对研究区地下水水化学指标的一般特征和空间分布演化特征进行分析，从而为不同影响因素对水化学演变发挥的作用提供理论基础。

## 4.1　研究方法

### 4.1.1　GIS 空间插值法

根据研究区地下水观测数据，应用 ArcGIS 10.2 软件，采用克里金插值方法，生成不同年份的地下水水化学指标栅格图，得出灌区地下水环境变量空间分布情况，从而分析出地下水水化学时空变化特征。

克里金插值法也称为空间局部插值法，是以变异函数理论和结构分析为基础，插值法是假设空间中存在任意一点 $x$，其测量值为 $Z(x)$。在研究区的取样区域内共分布有 $n$ 个实际测量点，分别为 $x_1,x_2,\cdots,x_n$，则对于任意待估计点 $v$ 的实际值 $Z_v(x)$，它的估计值 $Z_v^*(x)$ 是基于对待估计点影响范围内的 $n$ 个有效空间样本值 $Z(x)$ 的线性组合来确定的，计算公式如下：

$$Z_v^*(x) = \sum_{i=1}^{n} \lambda_i Z(x_i) \tag{4.1}$$

式中：$\lambda_i$ 为权重系数，反映各实测样本 $Z(x_i)$ 对于待估计样本 $Z_v^*(x)$ 的影响；$Z_v^*(x)$ 为 $Z(x_i)$ 的最优无偏线性估计值。

反距离权重插值是基于相近原理，彼此距离较近的事物要比彼此距离较远的事物更相似。反距离权重法假定每个测量点都有一种局部影响，而这种影响会随着距离的增大而减小。反距离权重计算过程：

$$d_i = \sqrt[2]{(x - x_i)^2 + (y - y_i)^2} \tag{4.2}$$

$$w_i = \frac{1/d_i}{\sum_{1}^{n} 1/d_i} \tag{4.3}$$

$$Z_0 = \sum_{i=1}^{i=n} w_i Z(X_i, Y_i) \tag{4.4}$$

式中：$(x,y)$ 为插值点坐标；$(x_i,y_i)$ 为离散点坐标；$d_i$ 为两点间的距离；$w_i$ 为距离权重。

### 4.1.2 多元统计分析

传统水化学分析方法包括水化学统计法、离子比例系数法和图解法等。Piper 图常用于地下水水化学类型划分和分析控制地下水化学成分的演化过程。Gibbs 图可以识别自然水体的水化学离子组成与变化趋势，判断水化学形成受大气降水、岩石风化或蒸发浓缩作用控制的程度（Qu et al.，2019）。多元统计分析（聚类分析、相关分析）通过提取隐藏在原始数据群体中的重要信息，揭示水化学样品或指标之间复杂的内在联系，能更容易从众多的因子指标中归纳出影响水化学特征的主要因素（Wang et al.，2019）。

系统聚类分析是基于水化学成分对地下水进行分类的一种多元统计分析方法，选取地下水样中 TDS、$Na^{+}+K^{+}$、$Ca^{2+}$、$Mg^{2+}$、$SO_4^{2-}$、$HCO_3^{-}$、$Cl^{-}$等 7 个指标，对 1996 年、2001 年、2006 年、2011 年、2016 年和 2021 年地下水数据进行 Q 型聚类分析。为避免样品间距离受到参数量级差别的影响，采用 Z-score 对地下水数据进行标准化处理；使用 Ward 链接法和欧氏距离对地下水样进行分类，再计算各类地下水物理化学参数的平均值（韩宇平等，2018）。

皮尔逊相关性（$r$）在水化学研究中得到了广泛的应用（Wali et al.，2018），它可以确定水化学变量之间的关系。当 $r$ 的绝对值大于 0.6，表示高度相关；在 0.4~0.6 之间，表示相关；小于 0.4，表示不相关。当检验概率小于 0.05 时，水化学变量之间的相关性显著。

### 4.1.3 GIS 空间分析模型

地下水化学类型分区图可以较好地反映地下水化学成分的空间分布规律和演化特征。目前，基于舒卡列夫分类的地下水化学类型空间分区方法主要为泰森多边形法和离子毫克当量百分数的插值分区法。泰森多边形法将研究区划分为多个泰森多边形，每个多边形只有一个取样点，一个取样点代表一个多边形，泰森多边形法误差较大，忽略了空间连续性（高燕燕，2020）。基于 GIS 的离子毫克当量百分数插值分区通过计算取样点的阴（阳）离子毫克当量百分数并进行空间插值，叠加毫克当量大于 25%的区域即为水化学类型分区图，该方法不能反映离子含量的大小排序，只能表达有限的水化学类型。徐斌等（2019）提出基于 GIS 技术的地下水化学类型分区方法，基于栅格的数据特点，对地下水中的主要离子毫克当量百分数的空间插值数据进行组合编码和排序编码，由两种编码结果计算水化学类型编码后地图符号化。该方法较为客观地反映了地下水化学类型的空间分布特征。

GIS 空间分析模型分析过程如下：

1）计算取样点阴（阳）离子毫克当量百分数并在 ArcGIS 中进行克里金空间插值。

2）基于 ArcGIS 中 Map Algebra 模块，使用条件函数（Condition）构造判断树，对栅格单元含量大于 25%的阴（阳）离子组合编码（式 4.5）。各离子组合对应的编码列于表 4.1。

$$\text{COMB\_cation} = \text{Con}(\text{Per\_Ca} \geqslant 25),$$
$$\text{Con}(\text{Per\_Mg} \geqslant 25),\text{Con}(\text{Per\_Na} = 25,5,2),\text{Con}(\text{Per\_Na} \geqslant 25,4,1),$$

$$Con(Per\_Mg \geqslant 25), Con(Per\_Na \geqslant 25,6,3), Con(Per\_Na \geqslant 25,7,0) \tag{4.5}$$

**表 4.1　离子组合编码对照表（毫克当量百分数大于 25%）**

| 分类命名离子 | 编码 | | | | | | |
|---|---|---|---|---|---|---|---|
| | 1 | 2 | 3 | 4 | 5 | 6 | 7 |
| 阴离子 | H | H+S | H+S+L | H+L | S | S+L | L |
| 阳离子 | C | C+M | M | N+C | N+C+M | N+M | N |

注：表中 H、S、L 分别代表 $HCO_3^-$、$SO_4^{2-}$、$Cl^-$；C、M、N 分别代表 $Ca^{2+}$、$Mg^{2+}$、$Na^+$。

3）与步骤 2）中的方法类似，按照阴（阳）离子含量大小排序，计算栅格单元的阴（阳）离子排序编码（式 4.6）；阴阳离子排序对应的编码列于表 4.2。

$$\begin{gathered} sort\_cation = Con(Per\_Ca \geqslant Per\_Mg), \\ Con(Per\_Mg \geqslant Per\_Na,1), Con(Per\_Ca \geqslant Per\_Na,2,5), \\ Con(Per\_Ca \geqslant Per\_Na,3), Con(Per\_Na \geqslant Per\_Mg,6,4) \end{gathered} \tag{4.6}$$

**表 4.2　离子排序编码对照表（毫克当量百分数大于 25%）**

| 分类命名离子 | 编码 | | | | | |
|---|---|---|---|---|---|---|
| | 1 | 2 | 3 | 4 | 5 | 6 |
| 阴离子 | H>S>L | H>L>S | S>H>L | S>L>H | L>H>S | L>S>H |
| 阳离子 | C>M>N | C>N>M | M>C>N | M>N>C | N>C>M | N>M>N |

4）根据阴（阳）离子组合编码（COMB）和离子排序编码（sort），计算栅格单元的水化学类型编码（式 4.7，式 4.8）；水化学类型编码见表 4.3。

```
Type_cation=Con("COMB_cation"==1,100,Con("COMB_cation"
    ==2,Con("sort_cation"==1,120,Con("sort_cation"
    ==3,210,0)),Con("COMB_cation"==3,200,Con("COMB_cation"
    ==4,Con("sort_cation"==2,130,Con("sort_cation"
    ==5,310,0)),Con("COMB_cation"==5,Con("sort_cation"
    ==1,123,Con("sort_cation"==2,132,Con("sort_cation"
    ==3,213,Con("sort_cation"==4,231,Con("sort_cation"
    ==5,312,Con("sort_cation"==6,321,0)))))),Con("COMB_cation"
    ==6,Con("sort_cation"==4,230,Con("sort_cation"
    ==6,320,0)),Con("COMB_cation"==7,300,0))))))          (4.7)
```

$$Hydrochemtype = type\_anion \times 10000 + 9000 + type\_cation \tag{4.8}$$

5）对水化学类型编码栅格数据进行地图符号化，得到最终的地下水化学类型分区图。

表 4.3　水化学类型编码对照表

| 分类命名离子 | 编码 | | | | | | | | |
|---|---|---|---|---|---|---|---|---|---|
| | 100 | 200 | 300 | 120 | 130 | 210 | 230 | 310 | 320 |
| 阴离子 | H | S | L | HS | HL | SH | SL | LH | LS |
| 阳离子 | C | M | N | CM | CN | MC | MN | NC | NM |

| 分类命名离子 | 编码 | | | | | |
|---|---|---|---|---|---|---|
| | 123 | 132 | 213 | 231 | 312 | 321 |
| 阴离子 | HSL | HLS | SHL | SLH | LHS | LSH |
| 阳离子 | CMN | CNM | MCN | MNC | NCM | NMC |

## 4.1.4　时间突变检测方法

### 4.1.4.1　MK 趋势检验法

MK 趋势检验法是广泛应用的非参数统计检验方法，非参数检验方法也称无分布检验。其优点是既不需要样本服从某种分布，少部分异常值也不会对其产生干扰，定量化程度高，检测范围广，计算方便，更适合用于顺序变量和类型变量（章诞武等，2013）。对于样本个数为 $t$ 的时间序列 $t$，构造-秩序列：

$$s_k = \sum_{i=1}^{k} r_i, \quad k = 2, 3, \cdots, n \tag{4.9}$$

式中：$r_i$ 取值如下：

$$r_i = \begin{cases} +1 & x_i > x_j \\ 0 & x_i \leqslant x_j \end{cases} \quad j = 1, 2, \cdots, i \tag{4.10}$$

由此可以知道秩序列 $s_k$ 是第 $i$ 时刻数值大于 $j$ 时刻数值个数的累计。假定时间序列随机独立，则定义统计量为：

$$UF_k = \frac{[s_k - E(s_k)]}{\sqrt{\mathrm{var}(s_k)}}, \quad k = 1, 2, \cdots, n \tag{4.11}$$

式中：$UF_k$ 为标准正态分布，$UF_1$ 取值为 0；$E(s_k)$ 为 $s_k$ 的均值；$\mathrm{var}(s_k)$ 为 $s_k$ 的方差。

$E(s_k)$ 和 $\mathrm{var}(s_k)$ 的计算公式如下：

$$\begin{cases} E(s_k) = \dfrac{k(k-1)}{4} \\ \mathrm{var}(s_k) = \dfrac{k(k-1)(2k+5)}{72} \end{cases} \quad k = 2, 3, \cdots, n \tag{4.12}$$

将时间序列 $x$ 按逆序进行排序 $x_n$，$x_{n-1}$，…，$x_1$，重复上述过程，同时使

$$\begin{cases} UB_k = -UF_k \\ K = n + 1 - k \end{cases} \quad k = 1, 2, \cdots, n \tag{4.13}$$

给定显著性水平 $\alpha$，本书显著性水平取 $\alpha$ 为 0.05，那么则有临界值 $u_{0.05}$ 为±1.96，将 $UF_k$ 和 $UB_k$ 两个统计量序列曲线和±1.96 两条直线均绘于同一图上。在检验曲线图中：若 $UF_k$ 线在临界线±1.96 内变动，则表明变化曲线趋势和突变不明显；若 $UF_k$ 的值大于零，

表明序列呈上升趋势，当 $UF_k$ 的值超过上临界线 $u_{0.05}$ 为 1.96 时表明上升趋势显著；若 $UF_k$ 的值小于零，表明序列呈下降趋势，当 $UF_k$ 的值超过下临界线 $u_{0.05}$ 为 -1.96 时表明下降趋势显著。如果 $UF_k$ 和 $UB_k$ 两条曲线在临界线之间出现一个交点，则将交点对应的时刻视为突变开始的时间；若交点出现在临界线外或临界线内出现多个交点时，需结合其他检验方法对这些交点进行判别。

#### 4.1.4.2 MWP 检验法

MWP（Mann-Whitney-Pettitt）检验法是一种稳健的非参数检验法，和 MK 检验方法一样不对样本序列服从的分布类型作要求（魏凤英，1999）。该方法计算原理为：将个数为 $T$ 的样本分为两段检验子序列 $x_1$，$x_2$，… 和 $x_t$，$x_{t+1}$，…。定义 MWP 检验统计量为：

$$U_{t,T} = \sum_{i=1}^{t}\sum_{j=t+1}^{T} \mathrm{sgn}(x_t - x_j) \tag{4.14}$$

式中：$1 \leq t \leq T$, $\mathrm{sgn}(x) = \begin{cases} 1, & x > 0 \\ 0, & x = 0 \\ -1, & x < 0 \end{cases}$

则 MWP 检验统计量 $U_{t,T}$ 发生的概率为：

$$P(t) = 1 - \mathrm{e}^{\frac{-6U_{t,T}^2}{T^3+T^2}} \tag{4.15}$$

给定显著性水平 $\alpha$，当 $P(t)>1-\alpha$ 时，表示该变异点 $t$ 显著。找出所有符合显著性水平 $\alpha$ 的变异点，再结合其他方法的检验结果进一步对变异点进行甄选。本书中显著性水平 $\alpha$ 取 0.05。

#### 4.1.4.3 滑动 t 检验法

滑动 $t$ 检验法的检验原理是将一序列一分为二，判断这两个子序列的均值在给定显著性水平内有无显著差异。若两段子序列间的均值差异未超出给定的显著性水平，认为没有发生突变；若两段子序列间的均值差异超出给定的显著性水平，认为发生了突变。

滑动 $t$ 检验的计算过程为（周栋等，2022）：

假设样本量为 $n$ 的时间序列 $x$，人为设置某一时刻为基准点，则基准点前后的两段子序列 $x_1$ 和 $x_2$ 的样本量分别为 $n_1$ 和 $n_2$，两段子序列平均值分别为 $\overline{x_1}$ 和 $\overline{x_2}$，标准差分别为 $\overline{s_1}$ 和 $\overline{s_2}$。定义统计量：

$$t = \frac{\overline{x_1} - \overline{x_2}}{s\sqrt{\frac{1}{n_1} + \frac{1}{n_2}}} \tag{4.16}$$

$$s = \sqrt{\frac{n_1 s_1^2 + n_2 s_2^2}{n_1 + n_2 - 2}} \tag{4.17}$$

式中：统计量遵从自由度 $v = n_1 + n_2 - 2$ 的 $t$ 分布。

通过反复变动子序列长度，增加检验结果的可靠性。给定一显著性水平 $\alpha$，查 $t$ 分布表得到临界值 $t_\alpha$，如果 $|t_i|>t_\alpha$，则认为在基准点时刻出现了突变，否则认为基本点前后的两段子序列均值无显著差异。本书选取子序列长度为 5 计算。

4.1.4.4 Yamamoto 法

对于时间序列 $x$，人为设置某一时刻为基准点，基准点前后样本量分别为 $n_1$ 和 $n_2$ 的两段子序列 $x_1$ 和 $x_2$，两段子序列的均值分别为 $\overline{x_1}$ 和 $\overline{x_2}$，标准差分别为 $S_1$ 和 $S_2$，定义信噪比为 $R_{sn}$，则（周栋等，2022）：

$$R_{sn} = \frac{|\overline{x_1} - \overline{x_2}|}{S_1 + S_2} \tag{4.18}$$

若 $R_{sn_i} > 1.0$，则认为在 $i$ 时刻是突变点，若 $R_{sn_i} > 2.0$，则认为在 $i$ 时刻是显著强突变点。

选取灌区 1996—2013 年水化学离子长时间序列，用以上突变检验方法分别对各划分区域的水化学离子在枯水期和丰水期进行突变点的检验。

## 4.1.5 空间突变检测方法

空间突变原理与时间序列突变原理一样，也是从一种稳定状态经过阶跃或跳跃后快速变化为另一种稳定状态。在二维空间里，任意空间变量均可表示为 $Z(x,y), x,y \in D$。当空间变量在空间里发生突变时，$Z(x,y)$ 在统计学上也像时间序列突变一样表现为统计矩（均值、方差、动力学机制等）的急剧变化。与时间序列突变相比较，二维空间里发生的空间突变既存在突变点也存在突变线还可能是一个突变面。因此空间变量的突变类型也像时间序列突变一样，存在值域突变、趋势变化突变和动力学结构突变等（朱立珍，2019）。

在本书中主要采用趋势变化突变来研究空间变量的突变。二维空间里的趋势变化类似于一维时间序列的趋势变化。一维时间序列的趋势变化是指变量随时间变化过程中趋势发生的改变。而二维空间里的趋势变化则是指在空间里某一区域内，在同一方向上的上升（下降）的趋势，但随着位置的改变后，在另外的某一区域内，相同的方向上却呈现出下降（上升）的趋势。也就是说从不同方向看空间变量 $Z(x,y)$ 时，在空间某处呈现出不同的趋势变化，即处在不同区域变化程度不一样。空间里发生趋势变化突变的位置可能是单独的突变点，也可能是近似连续的突变线，还可能是近似连续的突变面。趋势变化突变检测是以 Mann-Kendall 非参数检验方法为基础，由于二维空间变量 $Z(x,y)$ 具有每一个 $x$ 方向的值与 $y$ 方向的值组合就会得到二维空间里一个 $Z(x,y)$ 值。具体见图 4.1：所以在不同的方向上，空间趋势变化突变点有可能不同。因此对空间变量 $Z(x,y)$ 进行突变的计算时，先对空间变量 $Z(x,y)$ 进行切片降维处理，处理过程如下：

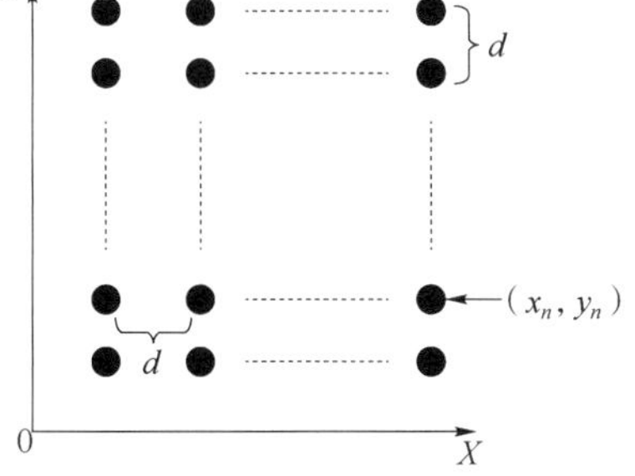


图 4.1　二维空间变量 $Z$

#### 4.1.5.1 *Y* 方向切片

如图 4.2 所示，将空间变量看为规则排列的格点，则格点的坐标范围为（$x_1,y_1$）至（$x_n,y_n$）。然后对其中的第 *K* 行进行切片处理，设第 *K* 行的纵坐标为 $y_K(1 < K < n)$，并将第 *K* 行提取出来，得到一系列坐标（$x_1,y_K$），（$x_2,y_K$），…，（$x_n,y_K$）。每一组坐标对应一组空间变量观测值，该观测值为 $Z(x_1,y_K),Z(x_2,y_K),\cdots,Z(x_n,y_K)$。

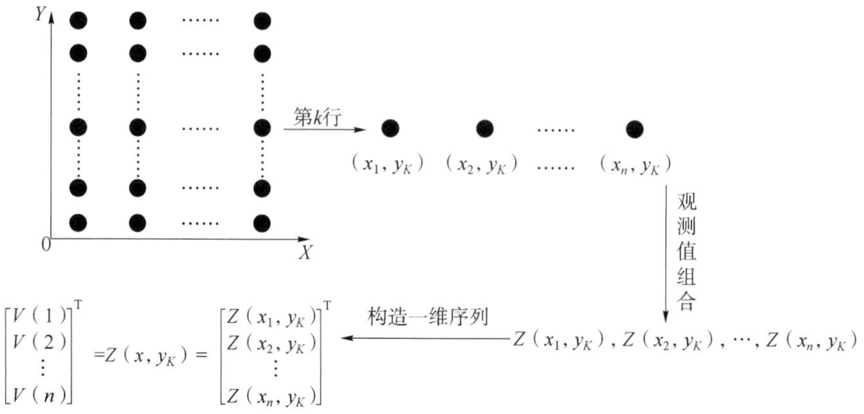


图 4.2　*Y* 方向切片处理

接下来将空间观测值 *Z* 转换为一维序列 $V(1)$，$V(2)$，…，$V(N)$。*Y* 方向的其余行以此类推，逐行切片，直到完成所有行的切片。

#### 4.1.5.2 *X* 方向切片

如图 4.3 所示，将空间变量看为规则排列的格点，则格点的坐标范围为（$x_1,y_1$）至（$x_n,y_n$）。然后对其中第 *M* 列进行切片处理，设第 *M* 列的纵坐标为 $x_M(1 < M < n)$，将第 *M* 列提取出来，得到一系列坐标 $(x_M,y_1),(x_M,y_2),\cdots,(x_M,y_n)$。每一组坐标对应一组空间变量观测值，该观测值为 $Z(x_M,y_1),Z(x_M,y_2),\cdots,Z(x_M,y_n)$。

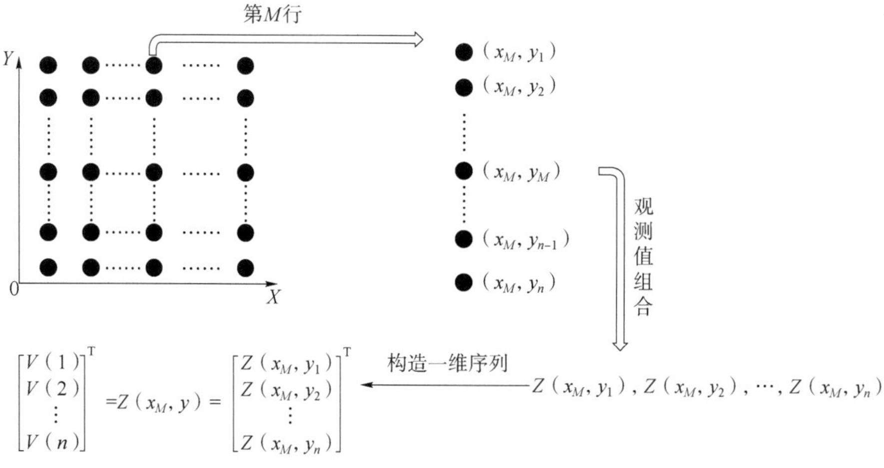


图 4.3　*X* 方向切片处理

接下来将空间观测值 $Z$ 转换为一维序列 $V(1),V(2),\cdots,V(N)$。$X$ 方向的其余行以此类推，逐行切片，直到完成所有行的切片。

对空间变量 $Z(x,y)$ 分别进行 $X$ 方向和 $Y$ 方向切片降维处理后，便可以进行列空间和行空间趋势变化突变点位置的获取。为了叙述方便，下面以“列空间趋势变化突变点位置计算”为例，计算空间趋势变化突变点的位置。对于行（$Y$ 方向）空间趋势变化突变点位置的计算，参照“列”的算法。

计算列空间趋势变化突变点的步骤为：

1）以 $M$ 列为例，获取列空间数据矢量：

$$Z(x_M,y)=[V(1),V(2),V(3),\cdots,V(n)] \tag{4.19}$$

2）将第 $M$ 列的空间数据转成一维矢量后，利用一维 Mann-Kendall 方法计算 $M$ 列方向上各个位置（$M,i$）($1\leqslant i\leqslant n$) 上要素的 $UF_i$ 值和 $UB_i$ 值后，获取整行数据计算得到的 $UF$ 和 $UB$ 两条线，计算其线段是否有交点，$UF$ 和 $UB$ 两条线段交点的计算方法有：作图法、差值法和交点法。在计算过程中，一个空间观测值矢量数据可能存在多个空间趋势变化突变点位置，在空间位置上引起突变的机制可能是不同的。因此，对于这些突变点进行编号，方便管理。为了降低这些数据对 Mann-Kendall 趋势变化突变判断的影响，对于研究区外的空间观测值设置为 0，空间观测区外的数据点不参与计算。

根据计算得到的空间突变点（$M,i$），将其转换为对应空间坐标值（$x$，$y$），得到具体位置上的突变点。

$$\begin{cases}x=(M-1)\times d+x_1\\ y=(i-1)\times d+y_1\end{cases} \tag{4.20}$$

式中：$x$，$y$ 分别为转换后的纬度、经度；$x_1$ 为起始纬度；$y_1$ 为起始经度；$d$ 为格点间的距离。

## 4.2 地下水水化学分区特征

### 4.2.1 地下水 TDS 空间分布特征

将 1987 年、1990 年、1996 年、2001 年、2006 年、2013 年、2016 年和 2022 年地下水水化学主要物理化学参数进行相关分析，相关分析结果如表 4.4 所示，TDS 与$SO_4^{2-}$、$Mg^{2+}$和 $Na^++K^+$相关性最高，分别为 0.94、0.91 和 0.89，$SO_4^{2-}$ 与阳离子相关性较高，与 $Ca^{2+}$、$Mg^{2+}$和 $Na^++K^+$相关系数分别为 0.79、0.85 和 0.85。此外，TDS 除了与 $HCO_3^-$ 相关性不高，与其他离子相关性都很高，因此选择不同年份的 TDS 变化来代表水化学演变特征。

**表 4.4 地下水主要物理化学参数相关系数**

| 参数 | $HCO_3^-$ | $Cl^-$ | $SO_4^{2-}$ | $Ca^{2+}$ | $Mg^{2+}$ | $Na^++K^+$ | TDS |
|---|---|---|---|---|---|---|---|
| $HCO_3^-$ | 1.00 | — | — | — | — | — | — |
| $Cl^-$ | 0.08 | 1.00 | — | — | — | — | — |

续表

| 参数 | $HCO_3^-$ | $Cl^-$ | $SO_4^{2-}$ | $Ca^{2+}$ | $Mg^{2+}$ | $Na^++K^+$ | TDS |
|---|---|---|---|---|---|---|---|
| $SO_4^{2-}$ | -0.06 | 0.61** | 1.00 | — | — | — | — |
| $Ca^{2+}$ | 0.19* | 0.69** | 0.79** | 1.00 | — | — | — |
| $Mg^{2+}$ | 0.18** | 0.75** | 0.85** | 0.79** | 1.00 | — | — |
| $Na^++K^+$ | 0.19** | 0.65** | 0.85** | 0.59** | 0.70** | 1.00 | — |
| TDS | 0.17** | 0.77** | 0.94** | 0.82** | 0.91** | 0.89** | 1.00 |

注：* 表示在 0.05 水平上（双尾）相关性显著；** 表示在 0.01 水平上（双尾）相关性显著。

选取 1987 年、1990 年、1996 年、2001 年、2006 年、2013 年、2016 年和 2022 年作为代表年，并绘制代表年 TDS 含量空间分布图，如图 4.4 所示。各年地下水 TDS 含量呈现明显的分带特征，灌区西北地区矿化度明显大于其他地区，且呈现面积增加趋势。此外，2006—2022 年其他地区地下水矿化度明显比 1987—2003 年高。2016 年和 2022 年西北地区和漏斗区之间的区域地下水矿化度明显增加，可能与水动力场的改变有关。

### 4.2.2 地下水水化学组分聚类分析

Q 型聚类分析将地下水样分为 A、B 两大类，其中 A 类又划分为 A1、A2 和 A3 等 3 个子集（图 4.5）。A 类地下水矿化度介于 194.83 ~2280.10mg/L 之间，平均值为 935.32mg/L。A 类地下水分布面积较大，位于研究区中下部以及东北部区域，地貌特征主要是古黄河滩地和黄河故道沙丘沙垅地。B 类地下水矿化度较高，介于 2596.6 ~4431.50mg/L 之间，平均值为 3347.16mg/L。B 类地下水主要分布于研究区西北部区域，地貌特征属于古黄河背河洼地和太行山前交接洼地。

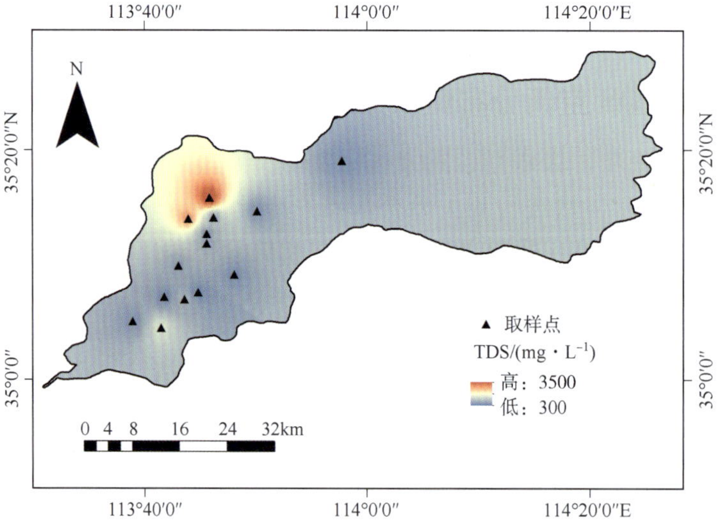

（a）1987年

图 4.4 地下水 TDS 空间分布图

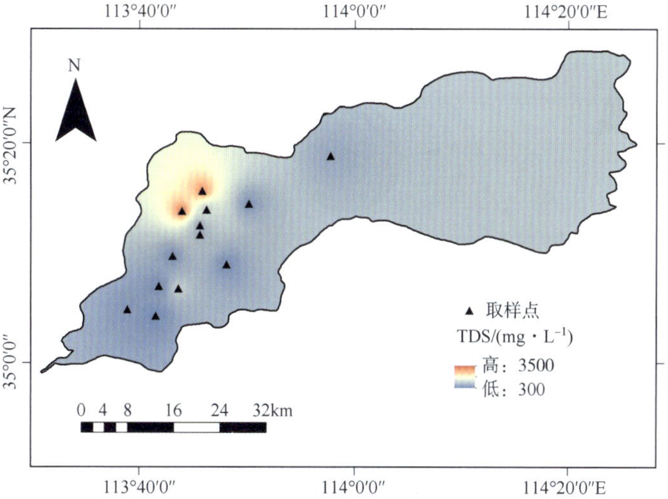


（b）1990年

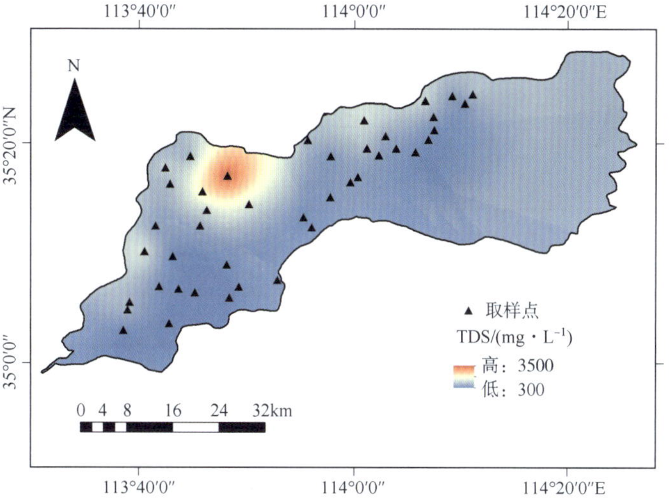


（c）1996年

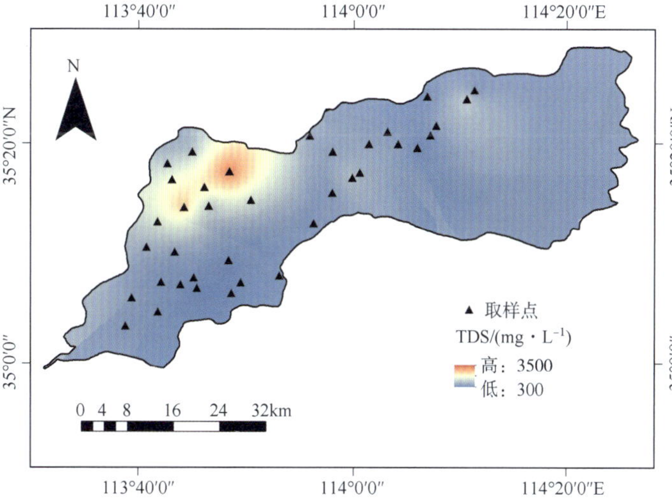


（d）2001年

图 4.4　地下水 TDS 空间分布图（续）

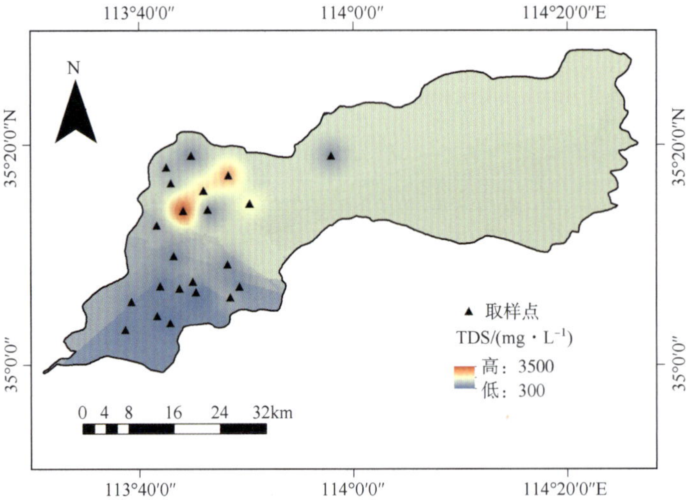


（e）2006年

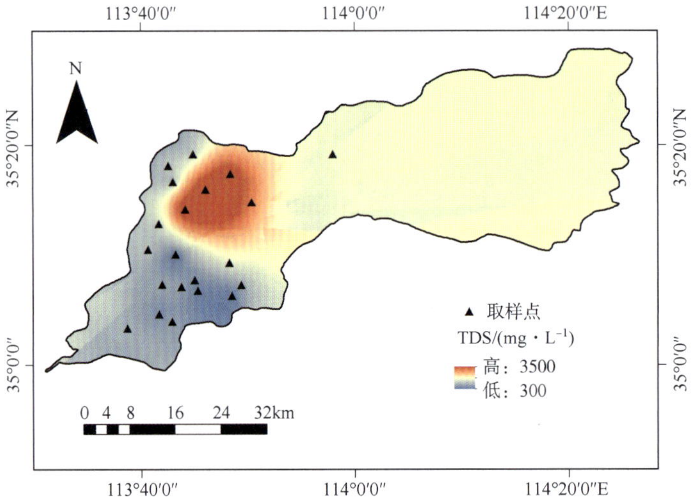


（f）2013年

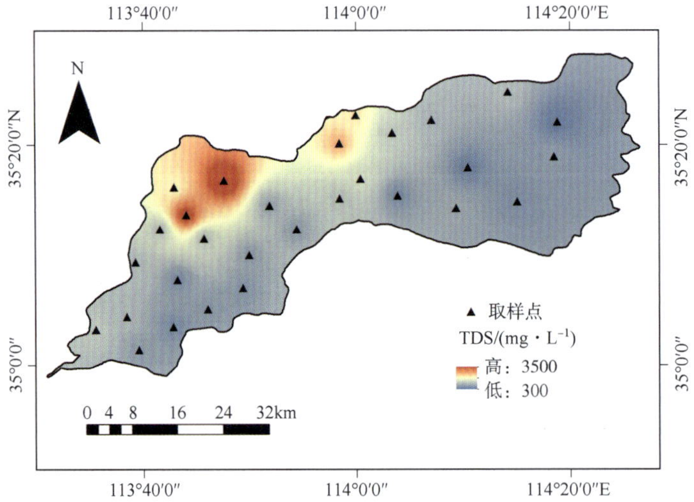


（g）2016年

图 4.4　地下水 TDS 空间分布图（续）

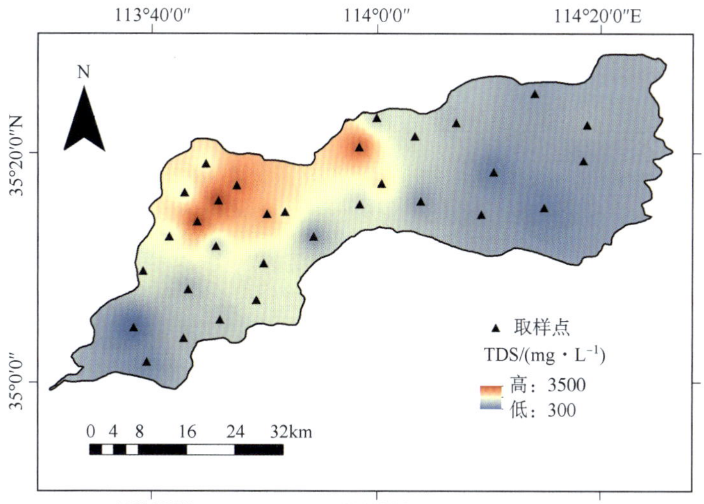

（h）2022年

图 4.4　地下水 TDS 空间分布图（续）

### 4.2.3　地下水水化学分区

#### 4.2.3.1　分区依据

1）研究区的地貌特征呈明显的带状，如古黄河背河洼地、古黄河滩地和太行山交接洼地，而不同的地貌赋予含水层独特的水文地球化学环境。古黄河背河洼地和太行山交接洼地作为太行山冲洪积扇地下水承泄区和灌渠排水承泄区，积水过多，造成水位过高，形成盐碱地，虽然后来得到治理，但该地区地下水矿化度比其他地区高。而古黄河滩地补排条件好，具有良好的水质情况。

2）地下水水化学演变存在明显的分区现象，西北地区明显与其他地区不同，矿化度和离子浓度较高。2016 年和 2022 年中部地区矿化度明显增加。

3）聚类分析可以揭示水化学样品或指标之间复杂的内在联系，能更容易从众多的因子指标中归纳影响水化学特征的主要因素。

由此可知，研究区地下水环境存在明显的分区特征，地下水水化学演变特征是水环境演变的主要体现，将地下水水化学组分分区和分时期分析，更有利于地下水资源与水环境的科学管理和保护，为改善当地水资源质量提供有力的保障。

#### 4.2.3.2　分区结果

研究区西北地区矿化度和各离子浓度较高，其他地区较西北地区低，结合地貌特征、地下水 TDS 空间分布特征和聚类分析结果将研究区分为两个单元区，即高矿化度区和低矿化度区（图 4.6）。

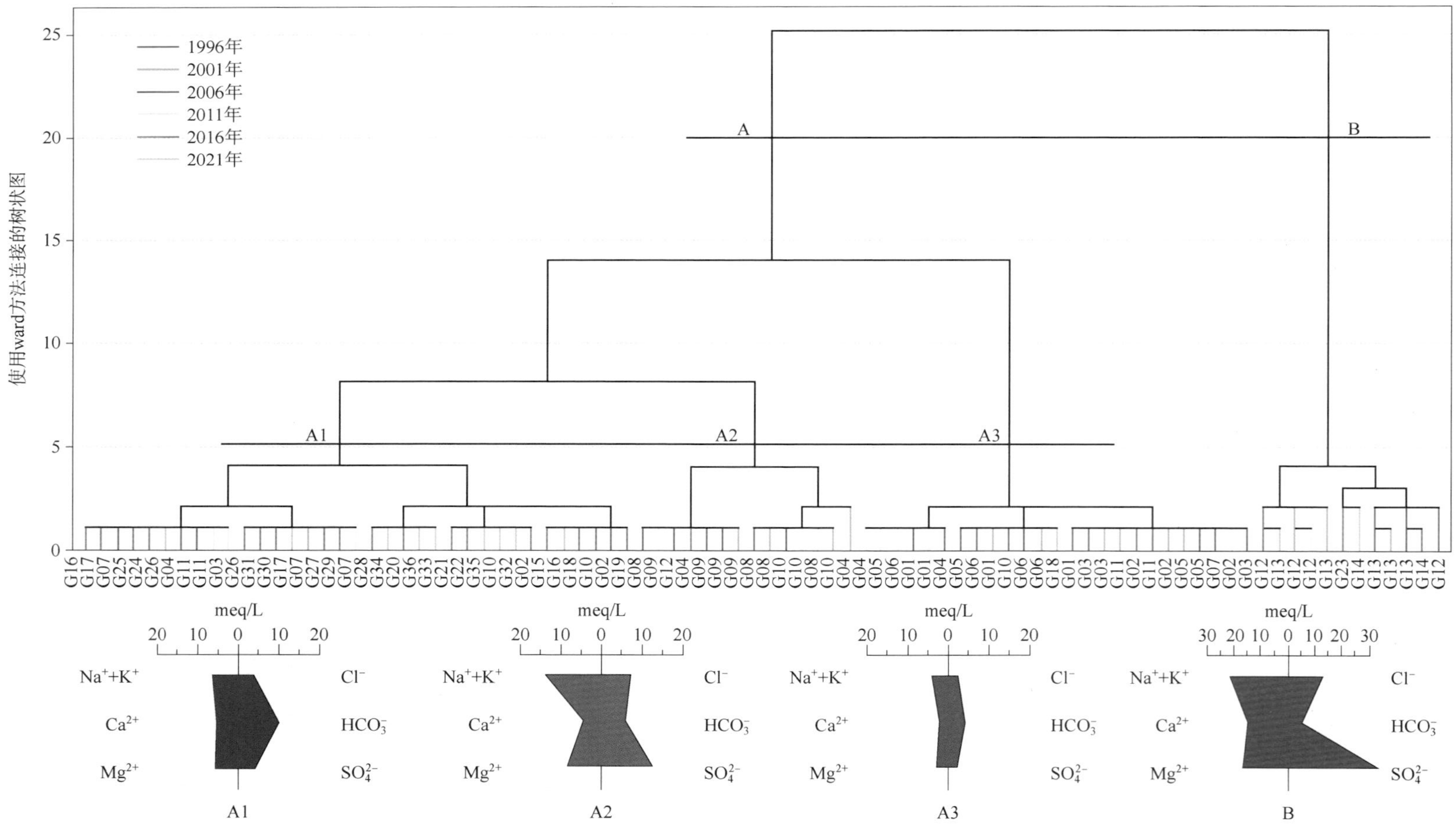


图 4.5　地下水水化学组分聚类分析树形图

毫克当量(meq)=离子的毫克数(mg)/离子当量,离子当量=离子的原子量/离子的电价

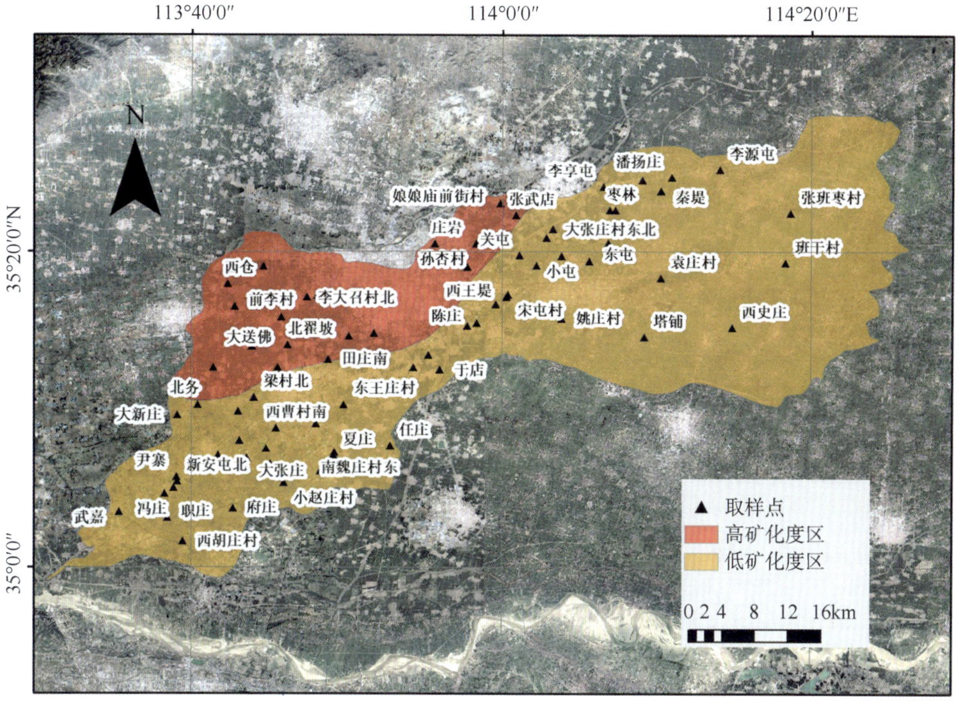


图 4.6　地下水水化学分区图

# 4.3　地下水水化学时间演变特征

## 4.3.1　地下水水化学组分演变特征

### 4.3.1.1　低矿化度区

从 TDS 浓度变化情况来看（表 4.5），1987—2001 年平均离子浓度逐年递减，2006—2022 年平均离子浓度逐年递增。TDS 分布范围从 1987 年的 530～1550.52mg/L 下降到 2001 年的 267.00～1416.45mg/L，平均浓度从 1987 年 844.24mg/L 下降到 2001 年的 559.76mg/L；2006—2022 年，分布范围从 436.86～1444.36mg/L 上升到 2022 年的 459.50～2145.93mg/L，平均浓度从 2006 年 649.22mg/L 上升到 2022 年的 1096.20mg/L。

地下水水化学组分在 1987—2001 年总体呈减小趋势，在 2001—2022 年各水化学离子变化趋势复杂，但总体呈现增加趋势，如图 4.7 所示。除 $Na^+$+$K^+$外，其他离子平均浓度在 1987—2001 年呈现逐年递减趋势，$HCO_3^-$ 平均浓度在 1990 年、1996 年和 2001 年分别降低了 15%、28%和 15%，$Mg^{2+}$平均浓度在 1990 年、1996 年和 2001 年分别降低了 20%、8%和 30%；$HCO_3^-$ 平均浓度在 2001—2022 年呈现逐年递增趋势，在 2006 年、2013 年、2016 年和 2022 年分别降低了 16%、11%、56%和 4%；$SO_4^{2-}$ 和 $Cl^-$在 2006 年和 2013 年呈现增加趋势，在 2016 年呈现减小趋势，2022 年呈现增加趋势；$Ca^{2+}$ 和 $Mg^{2+}$ 在 2006 年和 2016 年呈现增加趋势，2013 年和 2022 年呈减小趋势；$Na^+$+$K^+$在 2006 年和 2016 年呈现增加趋势，2013 年和 2022 年呈减小趋势。

表 4.5　1987—2022 年低矿化度区地下水水化学参数统计特征

| 年份 | 类型 | $HCO_3^-$ | $Cl^-$ | $SO_4^{2-}$ | $Ca^{2+}$ | $Mg^{2+}$ | $Na^++K^+$ | TDS |
|---|---|---|---|---|---|---|---|---|
| 1987 | 最大值 | 13. 43 | 8. 23 | 6. 15 | 10. 36 | 7. 56 | 10. 65 | 1550. 52 |
| | 最小值 | 6. 70 | 1. 86 | 0. 51 | 0. 24 | 2. 30 | 3. 29 | 530. 00 |
| | 平均值 | 9. 27 | 3. 89 | 2. 65 | 3. 95 | 5. 18 | 6. 47 | 844. 24 |
| | 标准差 | 2. 16 | 2. 18 | 1. 74 | 2. 50 | 1. 53 | 2. 30 | 308. 48 |
| | 变异系数 | 0. 23 | 0. 56 | 0. 66 | 0. 63 | 0. 29 | 0. 36 | 0. 37 |
| 1990 | 最大值 | 14. 97 | 9. 84 | 5. 82 | 6. 72 | 7. 38 | 12. 81 | 1422. 22 |
| | 最小值 | 3. 70 | 1. 55 | 0. 78 | 2. 52 | 2. 17 | 3. 19 | 416. 75 |
| | 平均值 | 7. 86 | 3. 70 | 3. 00 | 3. 83 | 4. 86 | 5. 93 | 748. 41 |
| | 标准差 | 2. 98 | 2. 47 | 1. 61 | 1. 42 | 1. 60 | 3. 29 | 339. 58 |
| | 变异系数 | 0. 38 | 0. 67 | 0. 54 | 0. 37 | 0. 33 | 0. 56 | 0. 45 |
| 1996 | 最大值 | 9. 79 | 8. 90 | 12. 53 | 6. 73 | 10. 64 | 16. 19 | 1550. 65 |
| | 最小值 | 2. 76 | 0. 90 | 0. 28 | 0. 99 | 1. 94 | 1. 19 | 244. 70 |
| | 平均值 | 5. 69 | 3. 53 | 2. 68 | 2. 90 | 4. 49 | 4. 86 | 628. 31 |
| | 标准差 | 1. 56 | 2. 31 | 2. 98 | 1. 22 | 2. 03 | 3. 35 | 351. 39 |
| | 变异系数 | 0. 27 | 0. 65 | 1. 11 | 0. 42 | 0. 45 | 0. 69 | 0. 56 |
| 2001 | 最大值 | 10. 65 | 14. 44 | 7. 66 | 3. 68 | 8. 63 | 13. 97 | 1416. 45 |
| | 最小值 | 2. 41 | 0. 78 | 0. 34 | 0. 81 | 1. 40 | 1. 90 | 267. 00 |
| | 平均值 | 4. 81 | 3. 33 | 2. 00 | 1. 66 | 3. 15 | 5. 52 | 559. 76 |
| | 标准差 | 1. 66 | 2. 39 | 1. 58 | 0. 69 | 1. 43 | 2. 92 | 247. 71 |
| | 变异系数 | 0. 34 | 0. 72 | 0. 79 | 0. 42 | 0. 45 | 0. 53 | 0. 44 |
| 2006 | 最大值 | 8. 50 | 6. 97 | 5. 54 | 4. 41 | 8. 58 | 9. 48 | 1444. 36 |
| | 最小值 | 3. 44 | 2. 25 | 0. 57 | 1. 51 | 1. 78 | 2. 61 | 436. 86 |
| | 平均值 | 5. 60 | 3. 64 | 2. 85 | 2. 64 | 4. 67 | 4. 83 | 649. 22 |
| | 标准差 | 1. 41 | 1. 33 | 1. 30 | 0. 79 | 1. 68 | 1. 84 | 167. 03 |
| | 变异系数 | 0. 25 | 0. 36 | 0. 46 | 0. 30 | 0. 36 | 0. 38 | 0. 26 |
| 2013 | 最大值 | 16. 32 | 5. 89 | 7. 90 | 3. 52 | 7. 84 | 21. 38 | 1673. 64 |
| | 最小值 | 3. 26 | 1. 59 | 1. 67 | 0. 56 | 0. 89 | 4. 00 | 379. 98 |
| | 平均值 | 6. 23 | 3. 26 | 4. 76 | 1. 57 | 3. 34 | 9. 65 | 817. 07 |
| | 标准差 | 3. 49 | 1. 21 | 2. 34 | 0. 74 | 2. 10 | 5. 00 | 349. 98 |
| | 变异系数 | 0. 56 | 0. 37 | 0. 49 | 0. 47 | 0. 63 | 0. 52 | 0. 43 |

续表

| 年份 | 类型 | $HCO_3^-$ | $Cl^-$ | $SO_4^{2-}$ | $Ca^{2+}$ | $Mg^{2+}$ | $Na^++K^+$ | TDS |
|---|---|---|---|---|---|---|---|---|
| 2016 | 最大值 | 12. 52 | 9. 33 | 6. 04 | 12. 03 | 8. 17 | 11. 29 | 1448. 80 |
| | 最小值 | 7. 48 | 0. 52 | 0. 38 | 2. 86 | 3. 40 | 1. 43 | 449. 32 |
| | 平均值 | 9. 74 | 3. 80 | 3. 26 | 5. 69 | 5. 66 | 5. 64 | 919. 83 |
| | 标准差 | 1. 51 | 2. 14 | 1. 68 | 1. 90 | 1. 31 | 2. 74 | 259. 56 |
| | 变异系数 | 0. 15 | 0. 56 | 0. 51 | 0. 33 | 0. 23 | 0. 49 | 0. 28 |
| 2022 | 最大值 | 12. 58 | 16. 16 | 13. 91 | 10. 19 | 13. 82 | 21. 25 | 2145. 93 |
| | 最小值 | 7. 65 | 0. 94 | 0. 26 | 1. 59 | 3. 48 | 1. 77 | 459. 50 |
| | 平均值 | 10. 10 | 4. 76 | 5. 10 | 5. 18 | 6. 68 | 9. 28 | 1096. 20 |
| | 标准差 | 2. 25 | 3. 65 | 3. 60 | 2. 26 | 2. 70 | 5. 08 | 500. 79 |
| | 变异系数 | 0. 22 | 0. 77 | 0. 71 | 0. 44 | 0. 41 | 0. 55 | 0. 46 |

注：离子浓度单位为 mg/L。

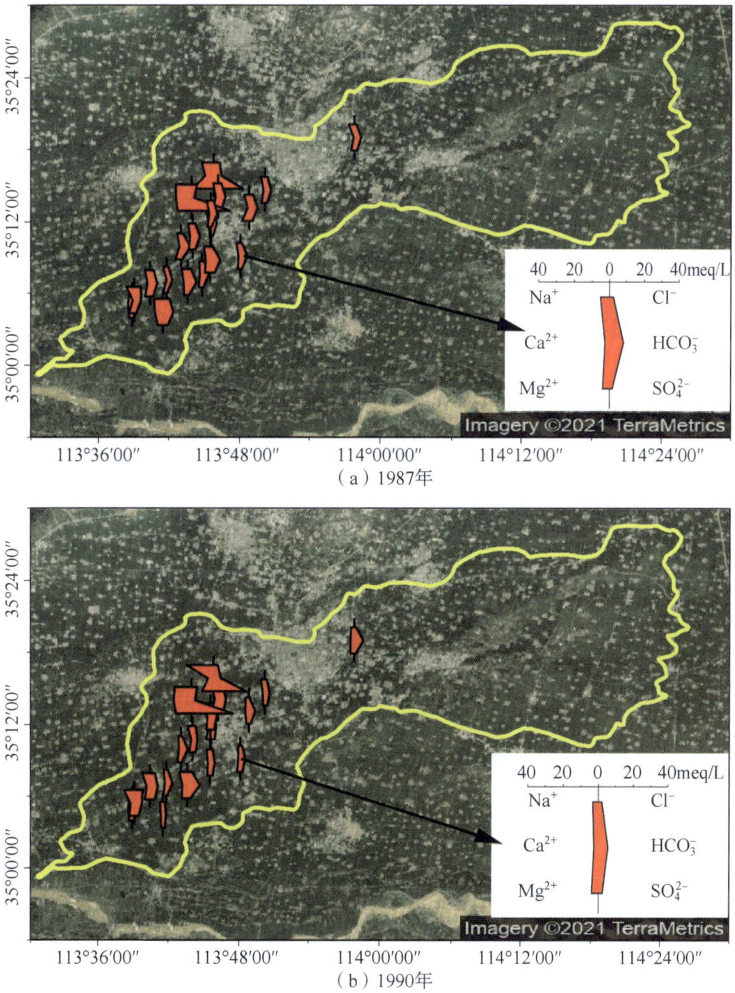


图 4.7　1987—2022 年灌区地下水 Sniff 图

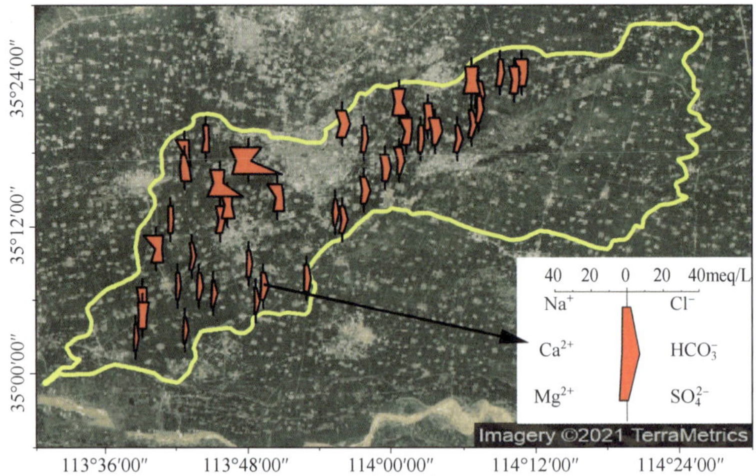


（c）1996年

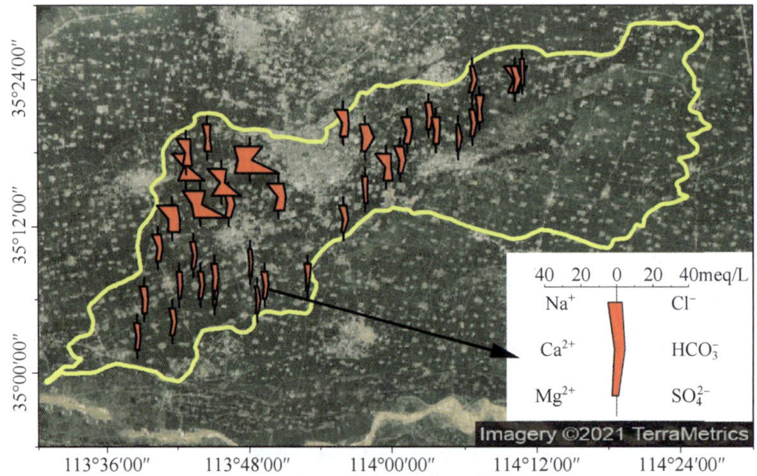


（d）2001年

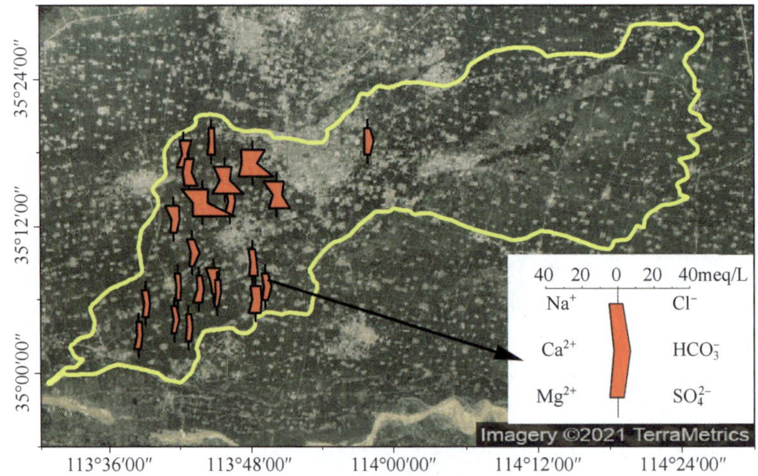


（e）2006年

图 4.7 1987—2022 年灌区地下水 Sniff 图（续）

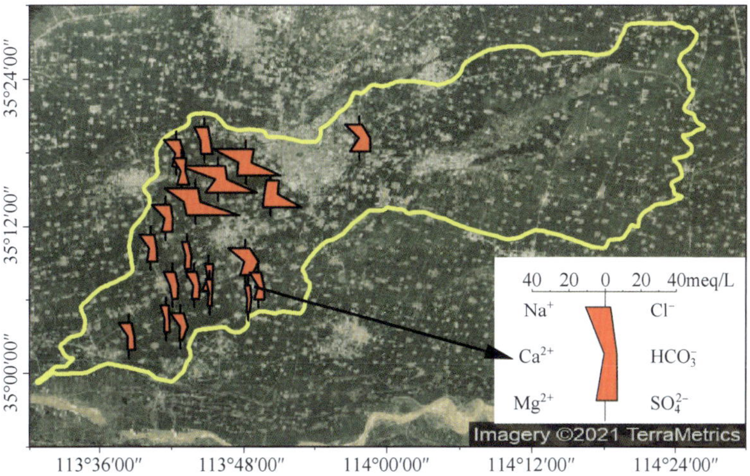


（f）2013年

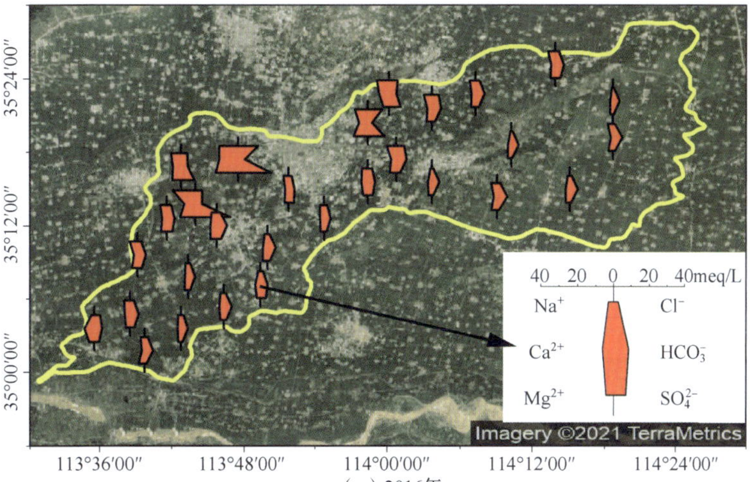


（g）2016年

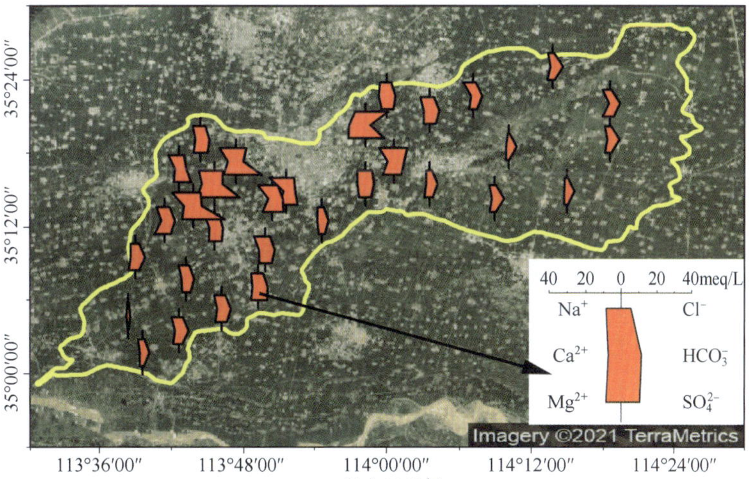


（h）2022年

图 4.7　1987—2022 年灌区地下水 Sniff 图（续）

### 4.3.1.2 高矿化度区

从 TDS 变化情况来看（表 4.6），1987—1996 年平均 TDS 逐年递减，1996—2022 年平均 TDS 总体呈现递增趋势。TDS 浓度分布范围从 1987 年的 685.14~4049.78mg/L 下降到 1996 年的 511.75~3775.90mg/L，平均浓度从 1987 年 1689.07mg/L 下降到 1996 年的 1391.12mg/L；2001 年到 2022 年，分布范围从 741.50~3543.20mg/L 上升到 2022 年的 1368.76 ~ 3652.00mg/L，平均浓度从 2001 年 1742.18mg/L 上升到 2022 年的 2560.01mg/L。

**表 4.6 1987—2022 年高矿化度区地下水水化学参数统计特征**

| 年份 | 类型 | $HCO_3^-$ | $Cl^-$ | $SO_4^{2-}$ | $Ca^{2+}$ | $Mg^{2+}$ | $Na^++K^+$ | TDS |
|---|---|---|---|---|---|---|---|---|
| 1987 年 | 最大值 | 9.99 | 7.36 | 47.74 | 20.02 | 27.45 | 19.59 | 4049.78 |
| | 最小值 | 2.92 | 2.67 | 0.58 | 1.97 | 4.46 | 5.02 | 685.14 |
| | 平均值 | 7.43 | 4.77 | 17.82 | 7.83 | 12.83 | 10.41 | 1689.07 |
| | 标准差 | 2.60 | 1.86 | 20.72 | 7.29 | 9.17 | 6.16 | 1421.50 |
| | 变异系数 | 0.35 | 0.39 | 1.16 | 0.93 | 0.71 | 0.59 | 0.84 |
| 1990 年 | 最大值 | 9.28 | 6.48 | 51.78 | 22.61 | 19.70 | 33.80 | 3058.72 |
| | 最小值 | 4.63 | 0.30 | 2.29 | 2.99 | 2.54 | 4.66 | 581.06 |
| | 平均值 | 7.20 | 4.11 | 18.03 | 7.78 | 9.00 | 13.19 | 1543.21 |
| | 标准差 | 1.81 | 2.44 | 22.28 | 7.41 | 6.80 | 11.79 | 1149.73 |
| | 变异系数 | 0.25 | 0.59 | 1.24 | 0.95 | 0.76 | 0.89 | 0.75 |
| 1996 年 | 最大值 | 7.30 | 15.74 | 40.80 | 15.96 | 20.75 | 23.27 | 3775.90 |
| | 最小值 | 3.11 | 0.49 | 2.27 | 1.79 | 2.79 | 3.05 | 511.75 |
| | 平均值 | 4.89 | 5.40 | 12.10 | 5.01 | 8.18 | 9.41 | 1391.12 |
| | 标准差 | 1.44 | 4.24 | 13.24 | 4.70 | 6.07 | 6.31 | 1038.75 |
| | 变异系数 | 0.29 | 0.79 | 1.09 | 0.94 | 0.74 | 0.67 | 0.75 |
| 2001 年 | 最大值 | 9.39 | 15.50 | 36.09 | 15.33 | 19.12 | 22.16 | 3543.20 |
| | 最小值 | 1.80 | 2.71 | 2.06 | 1.36 | 3.52 | 5.67 | 741.50 |
| | 平均值 | 4.86 | 6.16 | 16.17 | 4.86 | 8.01 | 15.06 | 1742.18 |
| | 标准差 | 2.79 | 3.72 | 12.82 | 4.93 | 5.13 | 6.04 | 960.09 |
| | 变异系数 | 0.57 | 0.60 | 0.79 | 1.02 | 0.64 | 0.40 | 0.55 |
| 2006 年 | 最大值 | 7.51 | 15.28 | 39.16 | 13.67 | 17.72 | 26.28 | 3586.55 |
| | 最小值 | 2.99 | 2.64 | 2.78 | 2.10 | 4.48 | 3.78 | 662.35 |
| | 平均值 | 5.47 | 7.06 | 13.40 | 6.04 | 9.33 | 10.53 | 1587.91 |
| | 标准差 | 1.44 | 3.60 | 12.32 | 4.27 | 4.77 | 7.35 | 1015.73 |
| | 变异系数 | 0.26 | 0.51 | 0.92 | 0.71 | 0.51 | 0.70 | 0.64 |

续表

| 年份 | 类型 | $HCO_3^-$ | $Cl^-$ | $SO_4^{2-}$ | $Ca^{2+}$ | $Mg^{2+}$ | $Na^++K^+$ | TDS |
|---|---|---|---|---|---|---|---|---|
| 2013 年 | 最大值 | 13.33 | 10.44 | 53.92 | 14.80 | 15.93 | 47.28 | 4363.66 |
| | 最小值 | 4.62 | 3.19 | 8.08 | 0.48 | 4.07 | 5.20 | 1057.48 |
| | 平均值 | 8.40 | 6.07 | 25.53 | 5.17 | 8.89 | 22.52 | 2465.43 |
| | 标准差 | 2.61 | 2.89 | 19.42 | 4.81 | 4.01 | 15.07 | 1407.13 |
| | 变异系数 | 0.31 | 0.48 | 0.76 | 0.93 | 0.45 | 0.67 | 0.57 |
| 2016 年 | 最大值 | 9.49 | 24.05 | 42.74 | 23.59 | 27.65 | 27.90 | 4431.50 |
| | 最小值 | 5.36 | 4.78 | 6.29 | 5.77 | 7.18 | 8.10 | 1180.30 |
| | 平均值 | 7.77 | 12.66 | 23.57 | 13.32 | 15.60 | 17.37 | 2688.20 |
| | 标准差 | 1.41 | 7.28 | 14.80 | 5.98 | 7.94 | 7.29 | 1209.18 |
| | 变异系数 | 0.18 | 0.58 | 0.63 | 0.45 | 0.51 | 0.42 | 0.45 |
| 2022 年 | 最大值 | 12.99 | 28.08 | 38.69 | 20.11 | 22.09 | 26.41 | 3652.00 |
| | 最小值 | 6.06 | 4.99 | 7.22 | 4.38 | 6.54 | 8.95 | 1368.76 |
| | 平均值 | 9.92 | 9.96 | 19.51 | 9.91 | 13.39 | 15.60 | 2560.01 |
| | 标准差 | 2.10 | 7.25 | 11.70 | 5.34 | 5.66 | 5.97 | 886.53 |
| | 变异系数 | 0.21 | 0.73 | 0.60 | 0.54 | 0.42 | 0.38 | 0.35 |

注：离子浓度单位为 mg/L。

地下水中 $HCO_3^-$、$Ca^{2+}$、$Mg^{2+}$平均浓度在 1987—2001 年总体呈现减小趋势，$HCO_3^-$ 平均浓度在 2001—2022 年呈现增加趋势，这与低矿化度区离子浓度变化趋势一致，$Ca^{2+}$ 和 $Mg^{2+}$平均浓度变化趋势相同，在 2001 年和 2016 年呈现增加趋势，在 2013 年和 2022 年呈减小趋势；$Na^++K^+$和 $SO_4^{2-}$ 平均浓度变化趋势相同，在 1990 年、2001 年、2006 年和 2016 年呈现增加趋势，在 1996 年、2013 年和 2022 年呈减小趋势；$Cl^-$浓度变化趋势与其他离子变化不同，分别在 1990 年、2013 年和 2022 年呈减小趋势，在 1996—2006 年和 2016 年呈现增加趋势（图 4.7）。

## 4.3.2 地下水水化学类型演变特征

### 4.3.2.1 主要阳离子类型演变特征

在低矿化度区，地下水中主要阳离子类型演变过程如图 4.8 所示，1987 年和 2001—2013 年地下水主要以 Na · Mg 型为主，1990 年以 Na · Mg · Ca 型为主，1996 年、2016 年和 2022 年地下水主要阳离子类型分布比较复杂，1996 年渠首地区以 Mg · Na · Ca 型为主，中部地区以 Na · Mg 型为主，东北地区以 Mg · Na 型为主；2016 年渠首地区地下水以 Ca · Mg · Na 型为主，中部地区以 Ca · Mg · Na 型、Na · Mg · Ca 型和 Mg · Na · Ca 型为主；2022 年渠首地区地下水以 Na · Ca · Mg 型、Na · Ca 型和 Na · Mg · Ca 型为主，中部地区以Na · Mg · Ca 型为主，东北地区以 Mg · Na · Ca 型、Mg · Na 型和 Na · Mg · Ca 型为主。

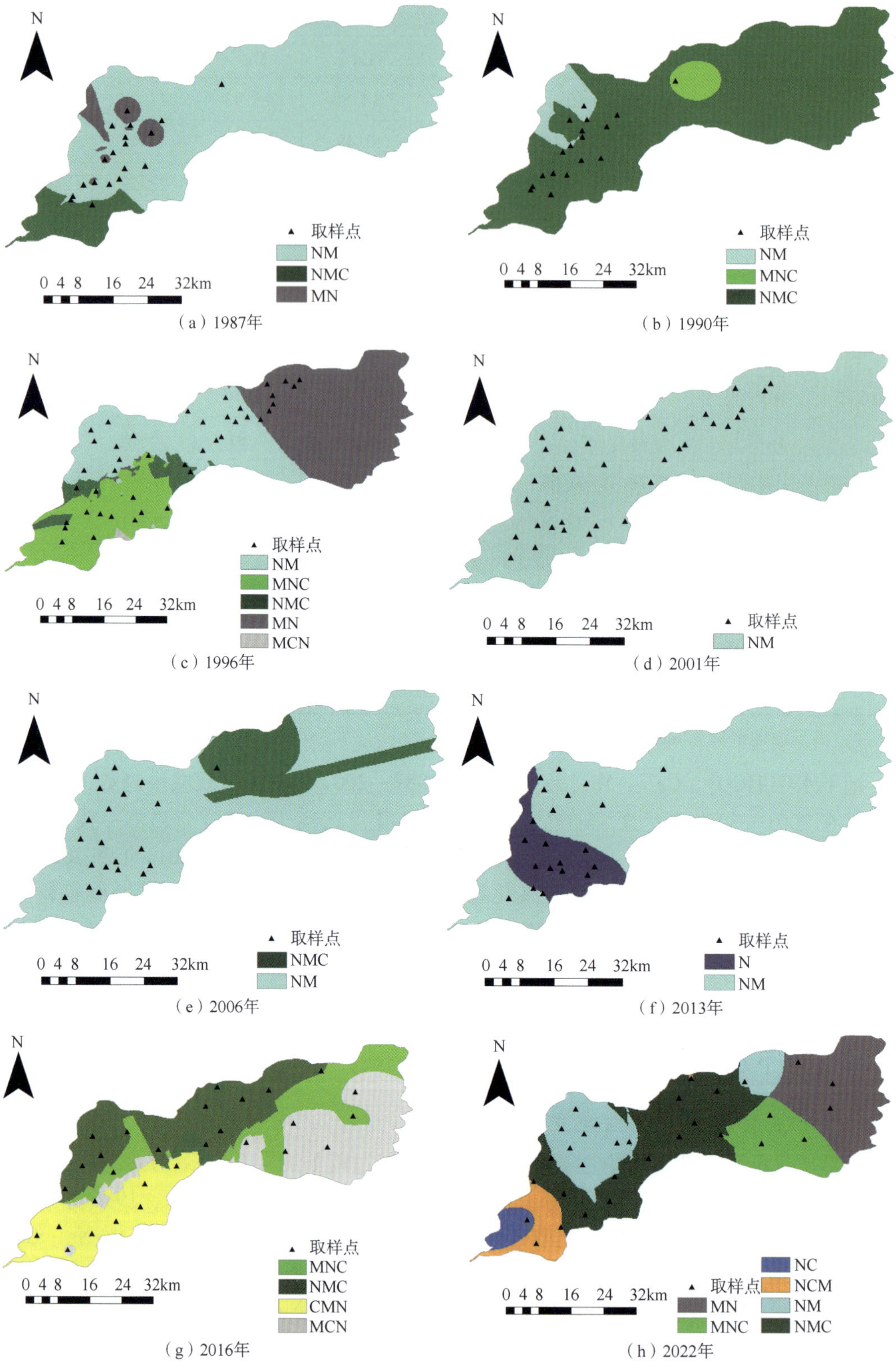


图 4.8　1987—2022 年灌区地下水阳离子类型空间分布

C、M、N 分别代表 $Ca^{2+}$、$Mg^{2+}$、$Na^{+}$

在高矿化度区，1996—2013 年和 2022 年地下水主要为 Na・Mg 型，1987 年地下水主要是 Na・Mg 型、Mg・Na 型，1990 年主要以 Na・Mg 型、Na・Mg・Ca 型为主，2016 年主要以 Na・Mg・Ca 型和 Mg・Na・Ca 型为主。

#### 4.3.2.2 主要阴离子类型演变特征

在低矿化度区，地下水中主要阴离子类型演变过程如图 4.9 所示，1987 年渠首地区地下水主要阴离子是 $HCO_3^-$，其他地区主要以 $HCO_3$・$SO_4$ 型为主；1990 年渠首地区地下水主要以 $HCO_3$・Cl 型为主，中部地区主要以 $HCO_3$ 型和 $HCO_3$・$SO_4$ 型为主，东北地区主要以 $HCO_3$・$SO_4$ 型为主；1996 年渠首地区和东北地区地下水主要以 $HCO_3$・Cl 型为主，中部地区主要以 $HCO_3$ 型为主；2001 年低矿化度区地下水主要阴离子是 $HCO_3$・Cl 型；2006 年渠首地区地下水主要以 $HCO_3$・Cl 型为主，中部地区主要以 $HCO_3$・Cl 型和$HCO_3$・$SO_4$・Cl 型为主；2013 年渠首地区地下水主要阴离子是 $HCO_3$ 型和 $HCO_3$・Cl 型，其他地区主要以 $HCO_3$・$SO_4$・Cl 型为主；2016 年渠首和中部地区地下水主要阴离子是 $HCO_3$・$SO_4$ 型，东北地区主要以 $HCO_3$ 型为主；2022 年渠首地区地下水主要阴离子以 $HCO_3$・$SO_4$ 和 $HCO_3$ 型为主，其他地区主要以 $HCO_3$ 型为主。

在高矿化度区，1987 年地下水阴离子以 $SO_4$・$HCO_3$ 型和 $HCO_3$・$SO_4$ 型为主，1996 年和 2001 年地下水阴离子以 $SO_4$・$HCO_3$ 型、$HCO_3$・$SO_4$ 型和 $SO_4$ 型为主，2006 年主要以 $SO_4$・Cl 型和 $SO_4$・$HCO_3$・Cl 型为主，2013—2022 年地下水主要阴离子类型复杂，主要以 $SO_4$・$HCO_3$・Cl 型、$SO_4$・Cl 型和 Cl・$SO_4$ 型为主。

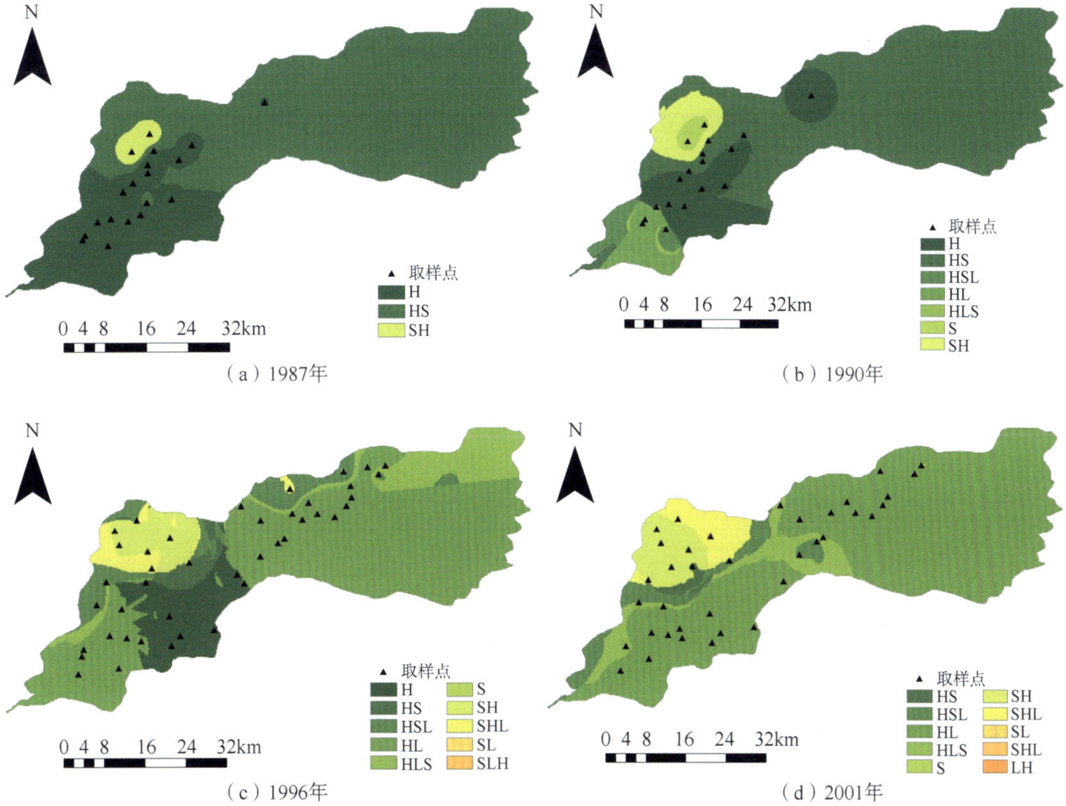


图 4.9 1987—2022 年灌区地下水阴离子类型空间分布

H、S、L 分别代表 $HCO_3^-$、$SO_4^{2-}$、$Cl^-$

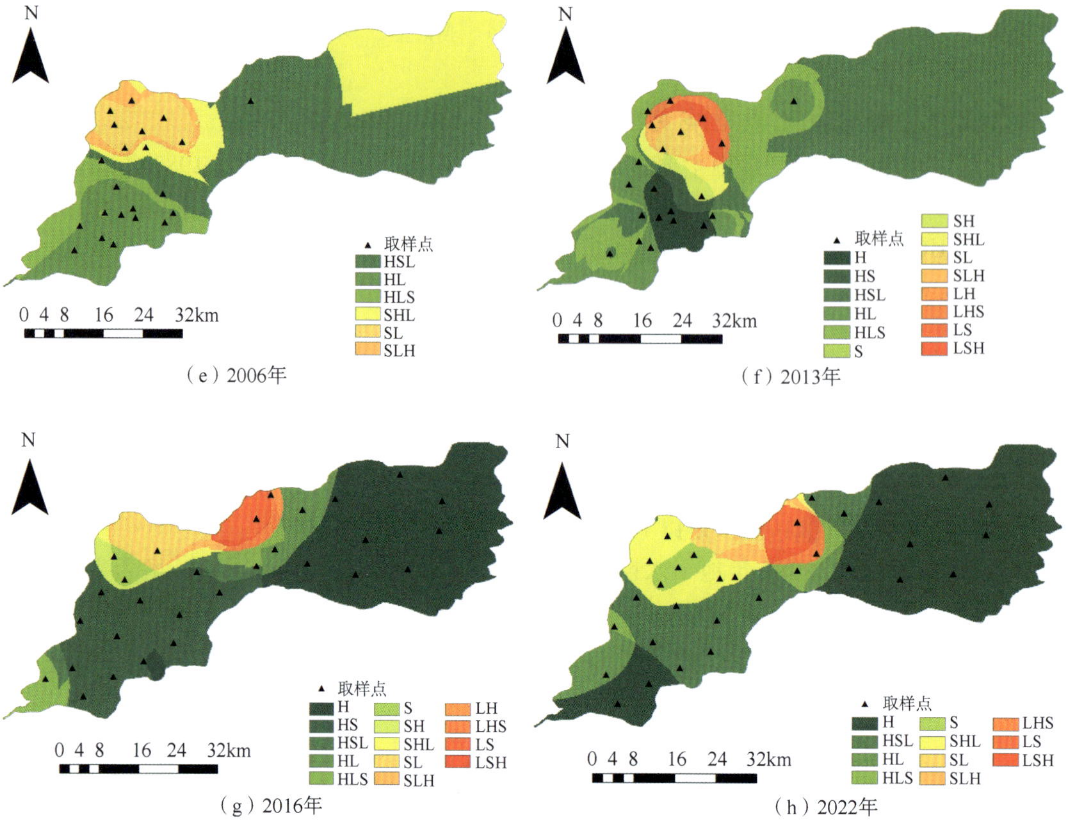


图 4.9 1987—2022 年灌区地下水阴离子类型空间分布（续）

H、S、L 分别代表 $HCO_3^-$、$SO_4^{2-}$、$Cl^-$

#### 4.3.2.3 地下水水化学类型演变特征

在低矿化度区，地下水中水化学类型演变过程如图 4.10 所示，1987—2001 年地下水水化学类型主要往 $HCO_3$·Cl-Na·Mg 型上演变，1987 年渠首地区地下水水化学类型以 $HCO_3$-Na·Mg 型和 $HCO_3$-Na·Mg·Ca 型为主，中部地区水化学类型以 $HCO_3$-Na·Mg 型和 $HCO_3$·$SO_4$-Na·Mg 型为主，东北地区水化学类型为 $HCO_3$·$SO_4$-Na·Mg 型；1990 年渠首地区地下水水化学类型主要以 $HCO_3$-Na·Mg·Ca 型和 $HCO_3$·Cl-Mg·Na·Ca 型为主，其他地区水化学类型主要以 $HCO_3$-Na·Mg·Ca 型和 $HCO_3$·$SO_4$-Na·Mg·Ca 型为主。1996 年渠首地区地下水水化学类型主要以 $HCO_3$·Cl-Mg·Na·Ca 型为主，中部地区地下水水化学类型主要以 $HCO_3$-Mg·Na·Ca 型和 $HCO_3$·Cl-Na·Mg 型为主，东北地区地下水水化学类型主要以 $HCO_3$·Cl-Na·Mg 型和 $HCO_3$·Cl-Mg·Na 型为主；2001 年低矿化度区地下水水化学类型主要以 $HCO_3$·Cl-Na·Mg 型为主。2006 年渠首地区地下水水化学类型主要以 $HCO_3$·Cl-Na·Mg 型为主，其他地区主要以 $HCO_3$·$SO_4$·Cl-Na·Mg 型和 $HCO_3$·$SO_4$·Cl-Na·Mg·Ca 型为主；2013 年渠首地区地下水水化学类型主要以 $HCO_3$-Na 型和 $HCO_3$·Cl-Na 型为主，其他地区主要以 $HCO_3$·Cl·$SO_4$-Na·Mg 型和 $HCO_3$·Cl-Na·Mg 型为主；2016 年渠首地区地下水水化学类型主要以 $HCO_3$·$SO_4$-Ca·

Mg・Na 型和 $HCO_3$-Ca・Mg・Na 型为主，东北地区主要以 $HCO_3$-Ca・Mg・Na 型、$HCO_3$-Na・Ca・Mg 型和 $HCO_3$-Ca・Mg・Na 型为主；2022 年渠首地区地下水水化学类型主要以 $HCO_3$・$SO_4$・Cl-Na・Mg・Ca 型和 $HCO_3$-Na・Mg 型为主，其他地区主要以 $HCO_3$-Na・Mg 型和 $HCO_3$- Na・Mg・Ca 型为主。

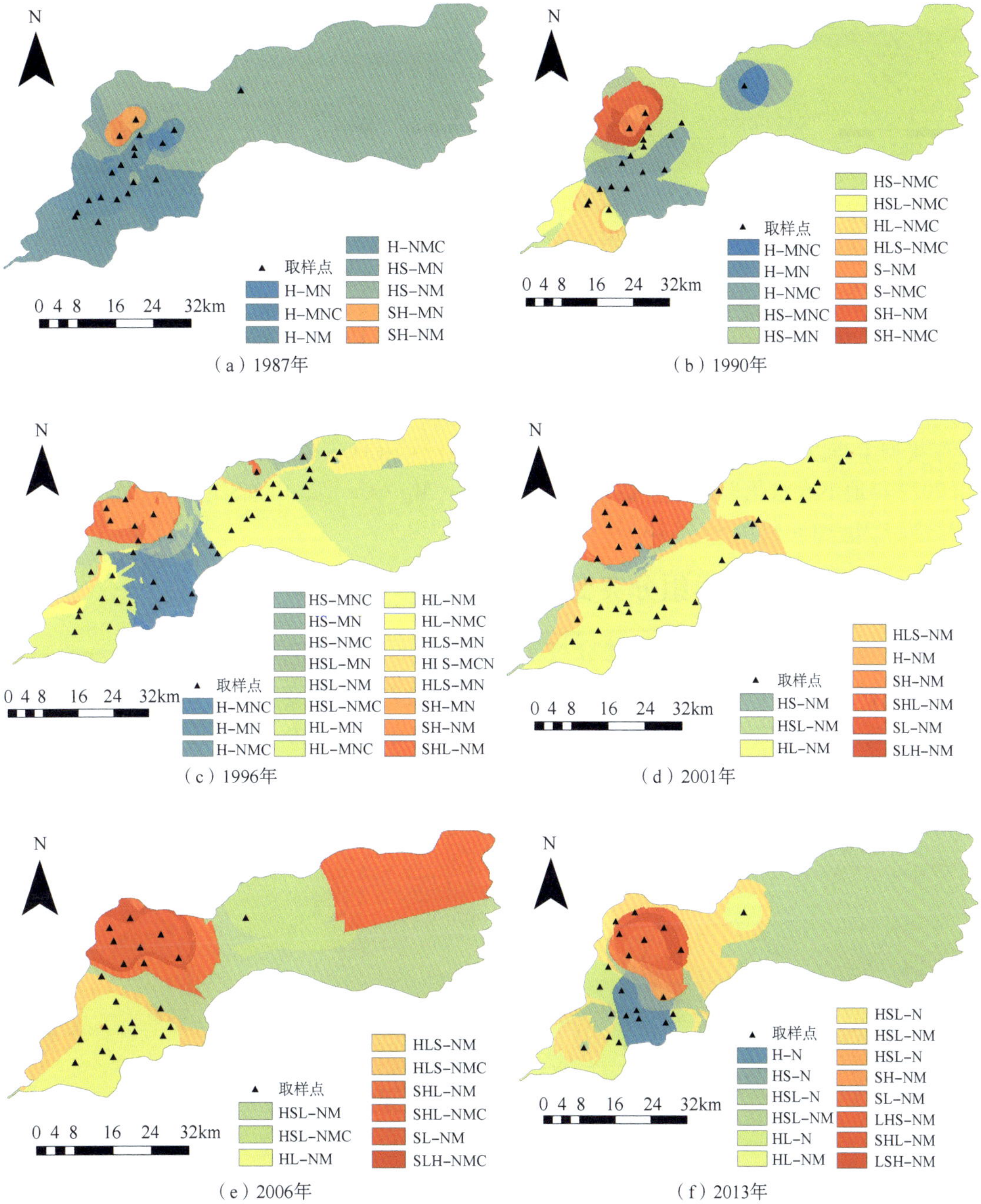


图 4.10　1987—2022 年灌区地下水水化学类型空间分布

H、S、L 分别代表 $HCO_3^-$、$SO_4^{2-}$、$Cl^-$；C、M、N 分别代表 $Ca^{2+}$、$Mg^{2+}$、$Na^+$

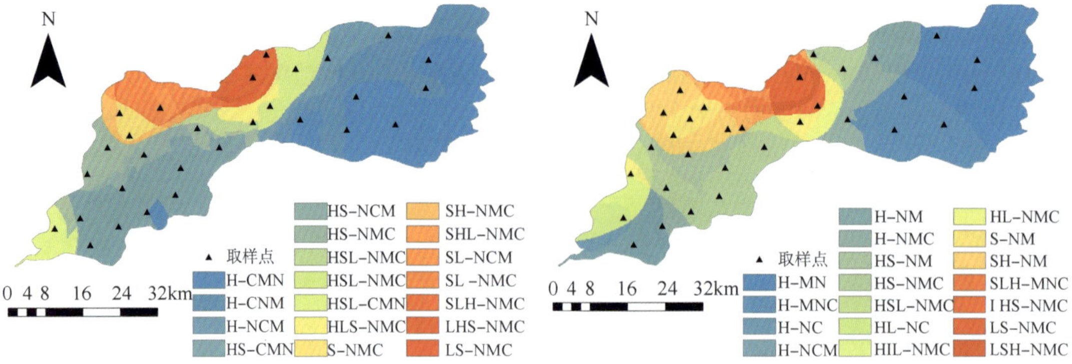


（g）2016年　　（h）2022年

图 4.10　1987—2022 年灌区地下水水化学类型空间分布（续）

H、S、L 分别代表 $HCO_3^-$、$SO_4^{2-}$、$Cl^-$；C、M、N 分别代表 $Ca^{2+}$、$Mg^{2+}$、$Na^+$

在高矿化度区，1987 年地下水水化学类型以 $SO_4$ · $HCO_3$-Na · Mg 型、$SO_4$ · $HCO_3$-Mg · Na 型和 $HCO_3$-Na · Mg 型为主，1990 年地下水水化学类型主要以 $SO_4$ · $HCO_3$-Na · Mg 型、$SO_4$ · $HCO_3$-Na · Mg · Ca 型和 $SO_4$-Na · Mg · Ca 型为主，1996—2013 年地下水水化学类型主要以 $HCO_3$ · Cl · $SO_4$-Na · Mg 型和 $SO_4$ · $HCO_3$ · Cl-Na · Mg 型为主，2016 年和 2022 年地下水水化学类型主要以 $SO_4$ · Cl-Na · Mg · Ca 型、Cl · $SO_4$-Na · Mg · Ca 型、$SO_4$-Na · Mg · Ca 型和 $SO_4$ · $HCO_3$ · Cl-Na · Mg 型为主。

## 4.3.3　地下水水化学组分突变分析

### 4.3.3.1　高矿化度区水化学组分突变特征

在高矿化度区选取典型观测井西仓进行枯水期和丰水期突变点的检验。以典型观测井西仓 $HCO_3^-$ 和 $Na^+$+$K^+$为例，对各突变方法的检验结果进行分析，检验结果见图 4.11 至图 4.14。

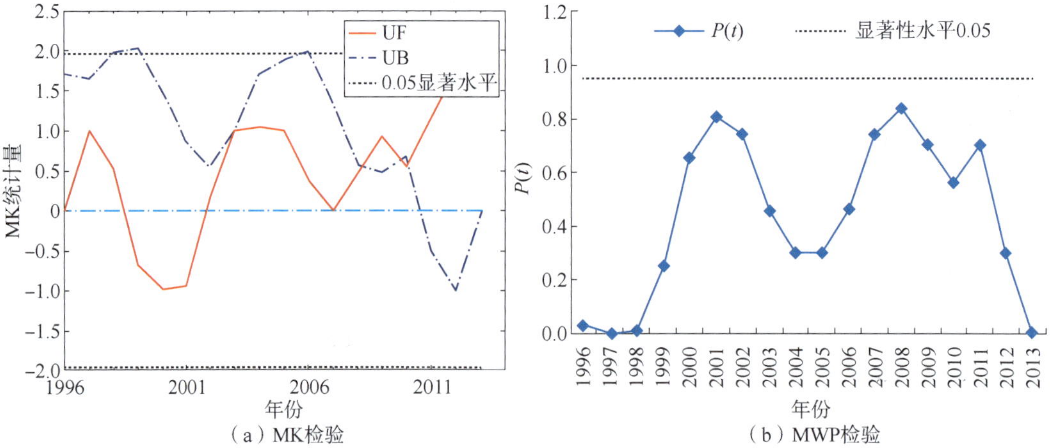


（a）MK检验　　（b）MWP检验

图 4.11　枯水期典型观测井西仓 $HCO_3^-$ 突变检验结果

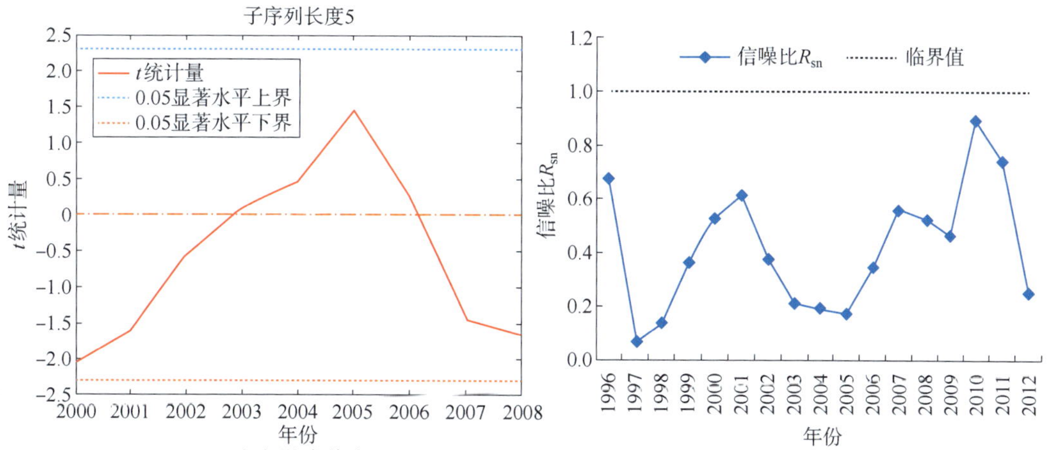

（c）滑动t检验　（d）Yamamoto法

图 4.11　枯水期典型观测井西仓 $HCO_3^-$ 突变检验结果（续）

由图 4.11 可知，典型观测井西仓枯水期 $HCO_3^-$ 在 MK 检验中，虽然 UF 和 UB 两条曲线有交点，但是 UF 曲线值在临界线内变动，未超出临界线，所以在 MK 检验中 $HCO_3^-$ 在 1996 年至 2013 年枯水期的变化中未发生突变。在 MWP 检验中 $P(t)$ 均小于显著性水平 0.05 对应值，所以在 1996 年至 2013 年中 $HCO_3^-$ 未发生突变。在滑动 $t$ 检验中，子序列的 $t$ 统计量值均未超出显著水平上临界线和下临界线，所以在 1996 年至 2013 年中未发生突变。在 Yamamoto 法中 1996 年至 2013 年中所有年份的信噪比 $R_{sn}$ 小于 1，所以在 1996 年至 2013 年中未发生突变。由此可知，典型观测井西仓 $HCO_3^-$ 在 1996 年至 2013 年枯水期未发生突变。

由图 4.12 可知，UF 曲线在 1996—2001 年的值均大于 0，且在该时间段内 UF 曲线与 UB 曲线有交点，但是 UF 曲线的值未超出 0.05 显著性水平上、下临界线，表明 $Na^++K^+$ 浓度变化曲线趋势和突变不明显。2001 年以后 UF 曲线值小于 0，且 UF 曲线值在 2006 年超出下临界线，说明 2001 年以后至 2006 年的时间段内，$Na^++K^+$ 浓度呈现出下降的趋势，

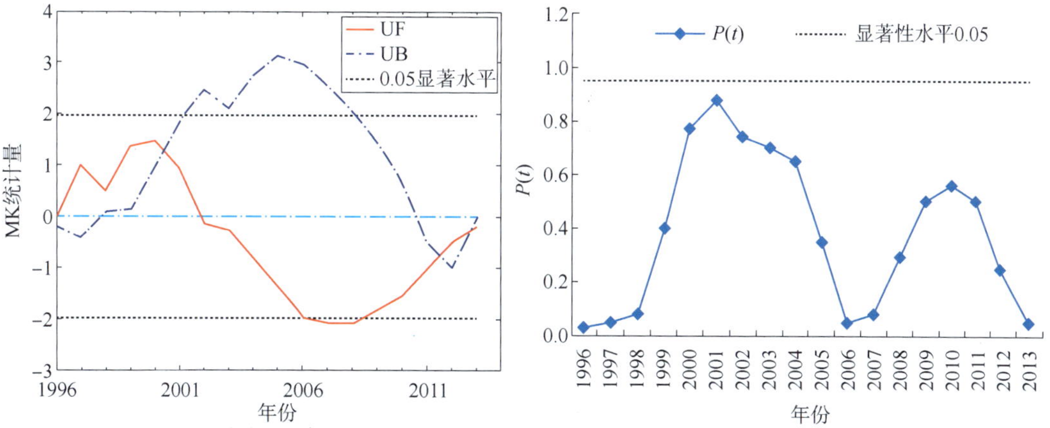

（a）MK检验　（b）MWP检验

图 4.12　枯水期典型观测井西仓 $Na^++K^+$ 突变检验结果

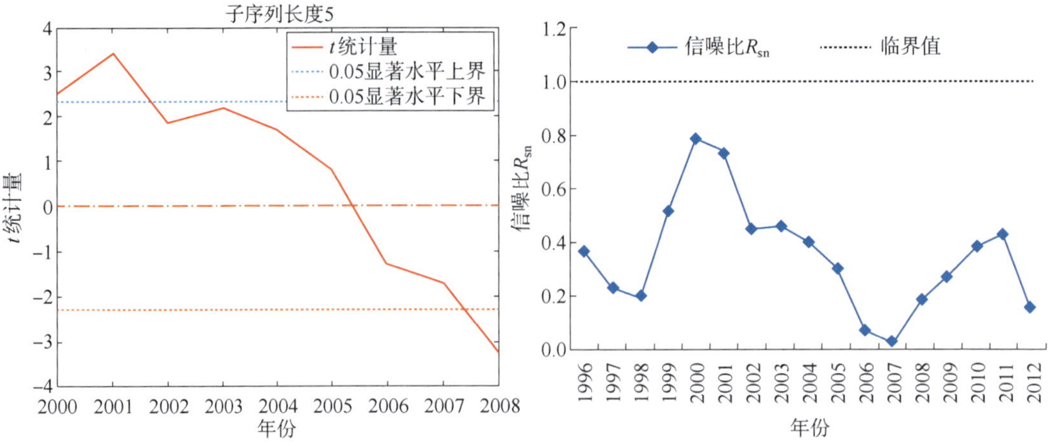


（c）滑动t检验　　（d）Yamamoto法

图 4.12　枯水期典型观测井西仓 $Na^{+}$+$K^{+}$突变检验结果（续）

且这一趋势是显著的。2006—2013 年之间 UF 和 UB 两条曲线在临界线之间出现交点，由于交点数已经超过 1 个，不能很好地判断是否为突变点，还需结合 MWP 检验、滑动 $t$ 检验和 Yamamoto 法的检验结果进行分析。MWP 检验结果中，$P(t)$ 值均小于显著性水平 0. 05 对应的值，未检测出突变点；滑动 $t$ 检验中，超过 0. 05 显著性水平的 $t$ 统计量对应的年份分别为 2000 年、2001 年和 2008 年，但这 3 个点在 MK 检验中不是突变点，出现这种在不同的检验的方法中检验出不一样的突变点的原因是在使用滑动 $t$ 检验方法时需不断选取子序列长度，对于不同子序列长度，计算结果会不一样，但可以肯定的是，如果序列中存在突变点，在不断改变子序列长度进行计算时，均会检验出该突变点。在 Yamamoto 法的检验中 1996—2013 年的信噪比 $R_{sn}$小于 1，未检测出突变点。通过以上分析可以得出，典型观测井西仓 $Na^{+}$+$K^{+}$浓度在 1996—2013 年枯水期没有发生突变。

由图 4. 13 可知，典型观测井西仓丰水期 $HCO_3^-$ 在 MK 检验中 UF 曲线在 2002—2005 年的值小于 0，且在 2005 年的值超过了显著性水平 0. 05 下临界线，表明在该时间段内

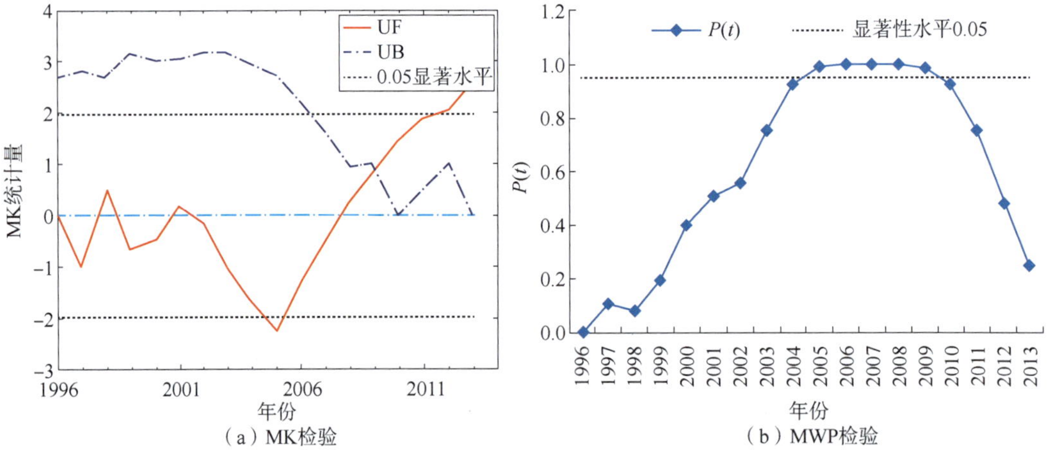


（a）MK检验　　（b）MWP检验

图 4. 13　丰水期典型观测井西仓 $HCO_3^-$ 突变检验结果

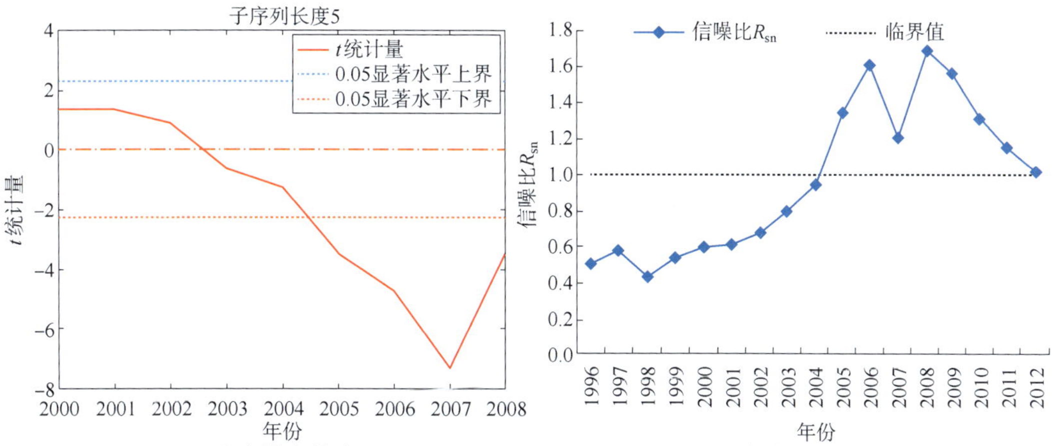


（c）滑动t检验　　（d）Yamamoto法

图 4.13　丰水期典型观测井西仓 $HCO_3^-$ 突变检验结果（续）

$HCO_3^-$ 浓度降低趋势显著。2008 年至 2013 年 UF 曲线的值均大于 0，且一直上升，直至在 2012 年超过了显著性水平 0.05 的上临界线，表明在该时间段内 $HCO_3^-$ 浓度上升趋势十分显著。在 MWP 检验中，2005—2009 年的 $P(t)$ 值均超过了显著性水平 0.05 的值；在滑动 $t$ 检验中，$t$ 统计量超过 0.05 显著性水平下界的点有 2005—2008 年，在 Yamamoto 法中信噪比 $R_{sn}$ 大于 1 的点有 2005 年至 2012 年。由于 MK 检验方法每次只能检验出一个突变点，对于多个突变点还需结合其他检验方法的结果进行分析，但可以肯定的是，2009 年就是一个突变点，至于 2005 年至 2008 年，可以通过对比丰水期 $HCO_3^-$ 浓度变化，其中在 2005 年以前一直在 270.4～317.3mg/L 范围内波动变化，但在 2005 年 $HCO_3^-$ 浓度降至最低值 212.5mg/L，已经比 2005 年以前的浓度范围低，所以 2005 年也是一个突变点。2005 年以后，$HCO_3^-$ 浓度开始在 2006—2008 年连续上升，达到 2005 年之前的范围，又在 2008 年超出这一范围，所以 2008 年也是一个突变点。至于 Yamamoto 法比其余方法还多检验出的 2010 年至 2012 年这几个点是与子序列长度选取有关，并不是突变点。综上所述，2005 年、2008 年和 2009 年是突变点。

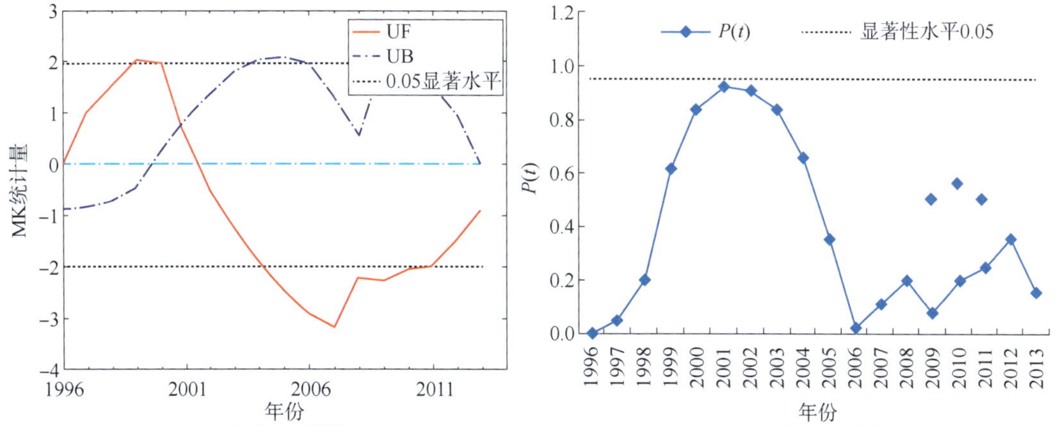


（a）MK检验　　（b）MWP检验

图 4.14　枯水期典型观测井西仓 $Na^+$+$K^+$突变检验结果

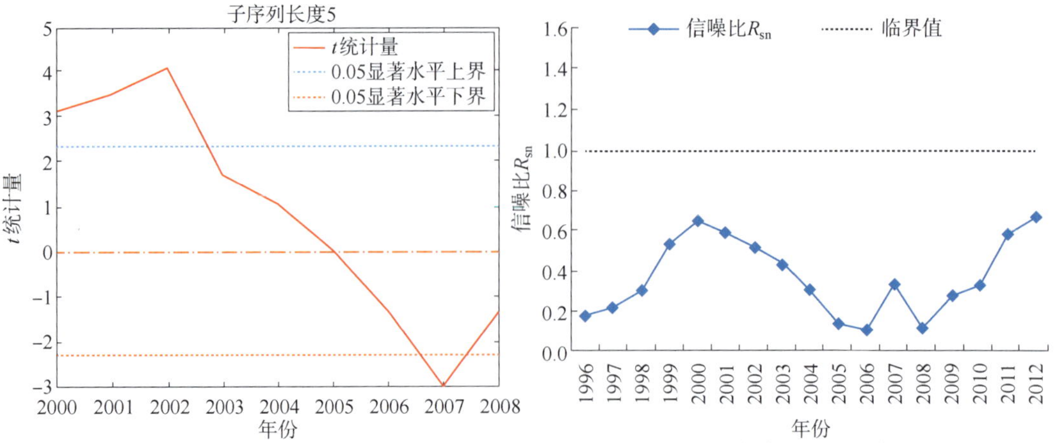


（c）滑动t检验　　（d）Yamamoto法

图 4.14　枯水期典型观测井西仓 $Na^{+}+K^{+}$突变检验结果（续）

如图 4.14 所示，在 MK 检验中，1996 年至 2001 年 UF 曲线值大于 0，且在 1999 年超过显著性水平 0.05 上临界线，表明 $Na^{+}+K^{+}$浓度呈上升趋势是显著的。UF 曲线在 2002—2006 年的值小于 0，在 2006 年 UF 曲线值超过下临界线，表明 $Na^{+}+K^{+}$浓度呈下降趋势是显著的。UF 和 UB 两条曲线在 2001 年出现交点。2001 年以前 $Na^{+}+K^{+}$浓度呈上升趋势，2001 年后 $Na^{+}+K^{+}$浓度呈下降趋势，所以 UF 曲线和 UB 曲线的交点 2001 年是突变点。MWP 检验和 Yamamoto 法均未检验出突变点，滑动 t 检验检验出的突变点为 2000 年、2001 年、2002 年和 2007 年，对比以上突变检验方法的检验结果可以确定 2001 年为突变点。

其余观测井突变点的检验结果见表 4.7 和表 4.8。

**表 4.7　高矿化度区枯水期各典型观测井地下水水化学组分突变检验结果**

| 地点 | 水化学组分 | | | | | |
|---|---|---|---|---|---|---|
| | $HCO_3^-$ | $Cl^-$ | $SO_4^{2-}$ | $Mg^{2+}$ | $Ca^{2+}$ | $Na^{+}+K^{+}$ |
| 北翟坡 | 未突变 | 2004 年 | 未突变 | 2004 年 | 未突变 | 2002 年 |
| 代店 | 未突变 | 未突变 | 未突变 | 未突变 | 2008 年 | 未突变 |
| 前李村 | 未突变 | 未突变 | 未突变 | 未突变 | 2003 年 | 未突变 |
| 西仓 | 未突变 | 2003 年、2004 年 | 2007 年、2008 年 | 2003 年 | 未突变 | 未突变 |
| 西营 | 未突变 | 未突变 | 2004 年 | 未突变 | 未突变 | 2004 年 |
| 孝合 | 2001 年 | 2008 年 | 2002 年、2004 年 | 2012 年 | 2001 年、2003 年 | 2004 年 |
| 中召 | 未突变 | 2001 年 | 2003 年、2005 年、2006 年 | 2002 年 | 2003 年、2004 年 | 2003 年、2004 年 |

**表 4.8 高矿化度区丰水期各典型观测井地下水水化学组分突变突变结果**

| 地点 | 水化学组分 | | | | | |
|---|---|---|---|---|---|---|
| | $HCO_3^-$ | $Cl^-$ | $SO_4^{2-}$ | $Mg^{2+}$ | $Ca^{2+}$ | $Na^+ + K^+$ |
| 北翟坡 | 未突变 | 2007 年 | 2004 年 | 未突变 | 未突变 | 2007 年 |
| 代店 | 未突变 | 未突变 | 未突变 | 未突变 | 2004 年、2005 年 | 未突变 |
| 前李村 | 未突变 | 未突变 | 2005 年 | 未突变 | 2007 年 | 2002 年 |
| 西仓 | 2005 年、2008 年、2009 年 | 未突变 | 2005 年 | 未突变 | 未突变 | 2001 年 |
| 西营 | 2003 年、2004 年 | 未突变 | 未突变 | 未突变 | 未突变 | 未突变 |
| 孝合 | 未突变 | 未突变 | 未突变 | 未突变 | 2001 年、2002 年 | 未突变 |
| 中召 | 2006 年、2007 年 | 未突变 | 未突变 | 2002 年、2003 年 | 未突变 | 未突变 |

由表 4.7 和表 4.8 可以得出，高矿化度区水化学组分具有如下突变特点：

1）所有离子在枯（丰）水期均发生了突变。除 $Na^+ + K^+$ 外，其余离子最先发生突变的时间都是在枯水期，然后才在丰水期发生。

2）$HCO_3^-$ 在枯水期突变发生的频次比在丰水期突变发生的频次少，枯水期突变比丰水期突变稳定。在枯水期 $HCO_3^-$ 突变只发生在孝合（2001 年），丰水期 $HCO_3^-$ 突变发生在西仓（2005 年、2008 年、2009 年）、西营（2003 年、2004 年）和中召（2006 年、2007 年），且丰水期的突变具有连续性，也就是说上一年发生了突变下一年还会继续突变。

3）$Cl^-$、$SO_4^{2-}$、$Mg^{2+}$、$Ca^{2+}$ 和 $Na^+ + K^+$ 在枯水期突变发生的频次比在丰水期突变发生的频次多，这与 $HCO_3^-$ 呈现出相反的规律，这是因为根据矿化度高（低）值划分区域时，$HCO_3^-$ 空间分布没有像这几种离子一样呈现出明显的分区特征。

#### 4.3.3.2 低矿化度区水化学组分突变特征

低矿化度区选取典型观测井沙窝营进行枯水期和丰水期的突变点检验，以典型观测井沙窝营 $SO_4^{2-}$ 和 $Mg^{2+}$ 为例，对不同突变检验方法的结果进行分析，检验结果见图 4.15 至图 4.18。

由图 4.15 可知，典型观测井沙窝营枯水期 $SO_4^{2-}$ 在 MK 检验中，1998 年至 2011 年的 UF 曲线值大于 0，且在 2002 年和 2004 年 UF 曲线对应的值超出了显著性水平 0.05 临界线，表明在该时间段内 $SO_4^{2-}$ 浓度呈上升趋势是显著的。其余时间段 UF 曲线的值均小于 0，表明呈下降趋势。UF 曲线和 UB 曲线在显著性水平 0.05 上、下临界线之间的交点在 2009 年和 2011 年，由于出现的交点为 2 个，还需结合其他检验方法的检验结果来分析是否为突变点。在 MWP 检验中 $P(t)$ 均小于显著性水平 0.05 对应值，所以在 1996 年至 2013 年中 MWP 检验法未检验到突变点。在滑动 $t$ 检验中，子序列 $t$ 统计量的值均未超过显著水平，所以滑动 $t$ 检验法在 1996 年至 2013 年中未检验出突变点。在 Yamamoto 法中

1996 年至 2012 年的信噪比 $R_{sn}$ 小于 1，未检验出突变点。对比以上各检验方法的检验结果，$SO_4^{2-}$ 在 1996 年至 2013 年中未发生突变。

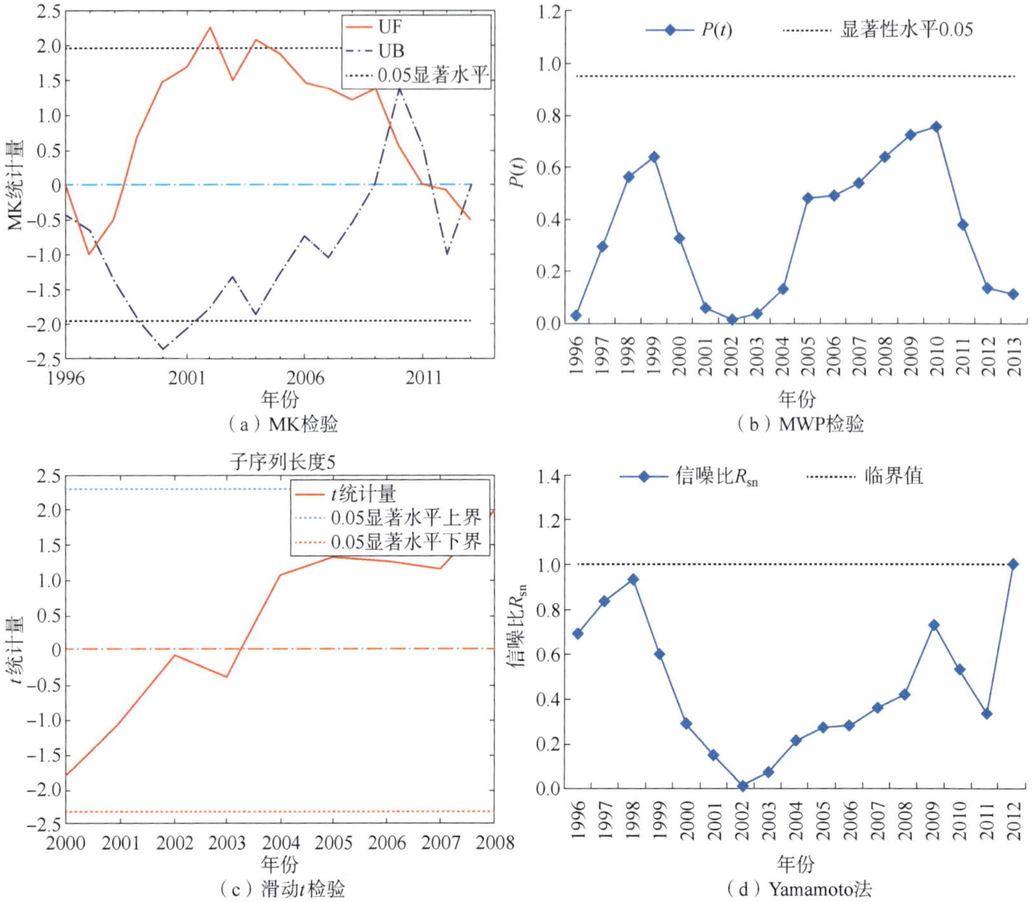


（a）MK检验　（b）MWP检验

（c）滑动t检验　（d）Yamamoto法

图 4.15　枯水期典型观测井沙窝营 $SO_4^{2-}$ 突变检验结果

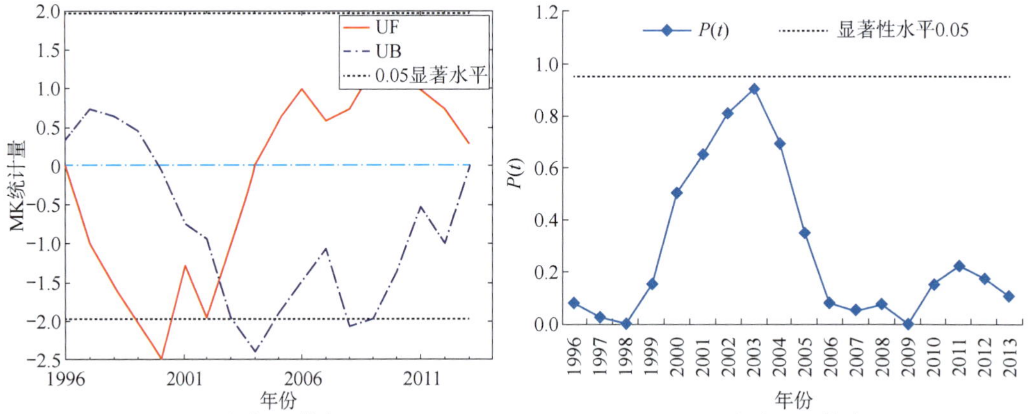


（a）MK检验　（b）MWP检验

图 4.16　枯水期典型观测井沙窝营 $Mg^{2+}$ 突变检验结果

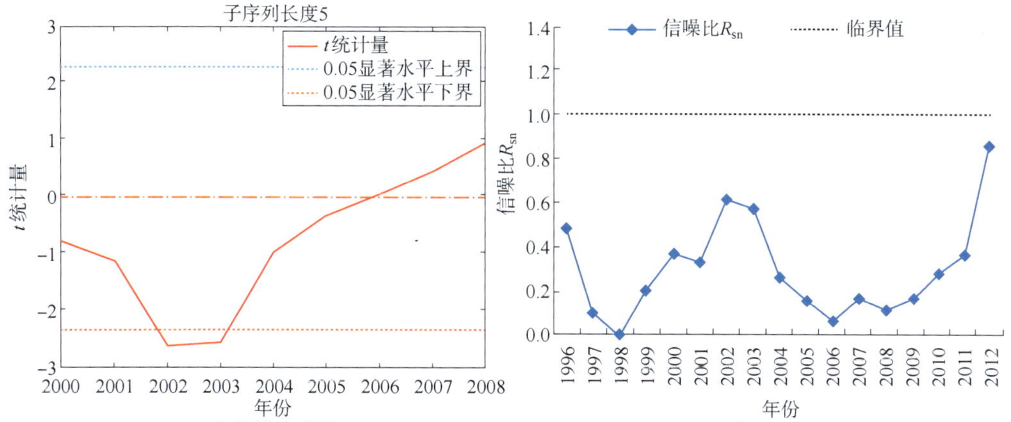


（c）滑动t检验　　（d）Yamamoto法

图 4. 16　枯水期典型观测井沙窝营 $Mg^{2+}$ 突变检验结果（续）

由图 4. 16 可知，典型观测井沙窝营枯水期 $Mg^{2+}$ 在 MK 检验中，虽然 UF 和 UB 两条线有交点，但是其交点出现在 2002—2003 年之间，确定 $Mg^{2+}$ 是否在 1996 年和 2013 年之间发生突变还需结合其余检验方法的检验结果进行分析。在 MWP 检验中，$P(t)$ 均小于显著性水平 0. 05 对应值，所以在 1996 年至 2013 年中未发生突变。在滑动 $t$ 检验中，$t$ 统计量的值超过显著水平 0. 05 上下临界线的点有 2002 年和 2003 年。在 Yamamoto 法中 1996 年至 2012 年的信噪比 $R_{sn}$ 小于 1，未检验出突变点。综合以上检验方法的检验结果可以得出，典型观测井西仓 $Mg^{2+}$ 在 1996 年至 2013 年枯水期没有发生突变。

由图 4. 17 可知，丰水期典型观测井沙窝营 $SO_4^{2-}$ 未发生突变。在 MK 检验中 UF 曲线的值在 1996 年至 2013 年均未超出 0. 05 显著性水平临界线，表明 $SO_4^{2-}$ 浓度在 1996 年至 2013 年间呈现的变化趋势不显著，虽然 UF 曲线和 UB 曲线有交点，但都不是突变点。MWP 检验中，$P(t)$ 值均未超过显著性水平 0. 05 临界线，未检测出突变点。滑动 $t$ 检验中，$t$ 统计量超出 0. 05 显著性水平下界的点为 2003 年。Yamamoto 法中信噪比 $R_{sn}$ 大于 1 的点有 2012 年。对比 4 种方法的检验结果可以知道 $SO_4^{2-}$ 未发生突变。

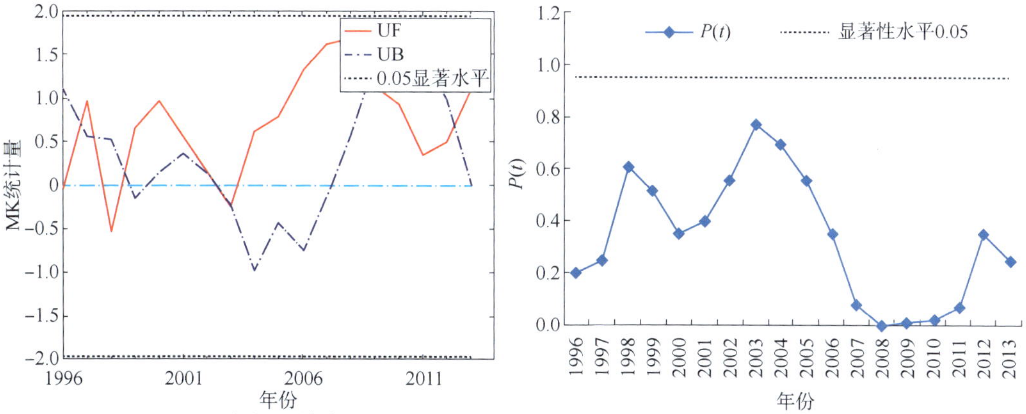


（a）MK检验　　（b）MWP检验

图 4. 17　丰水期典型观测井沙窝营 $SO_4^{2-}$ 突变检验结果

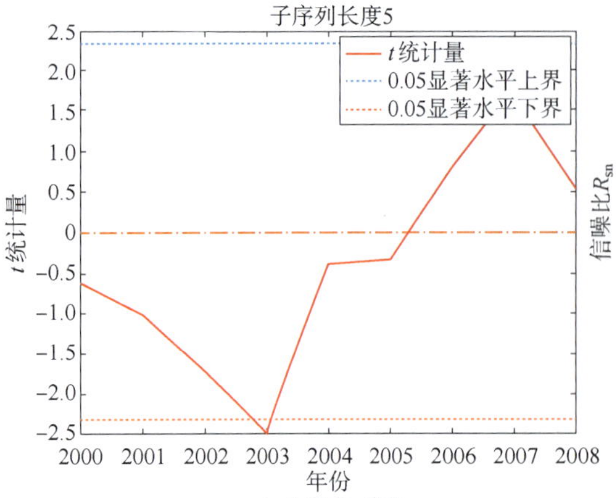


（c）滑动t检验

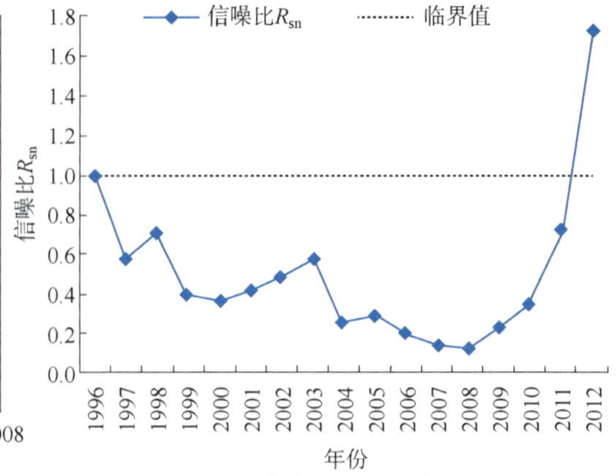


（d）Yamamoto法

图 4.17　丰水期典型观测井沙窝营 $SO_4^{2-}$ 突变检验结果（续）

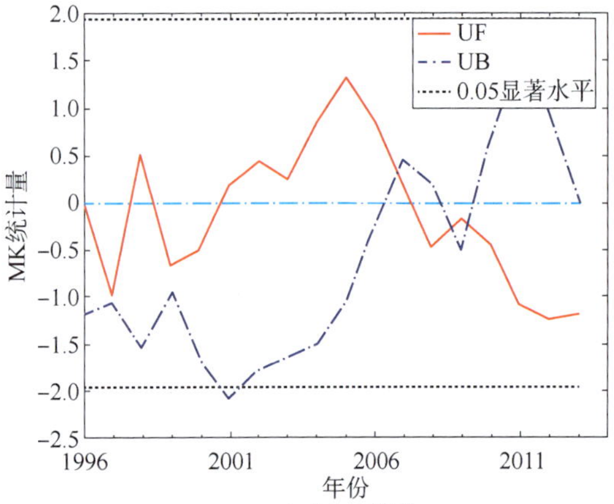


（a）MK检验

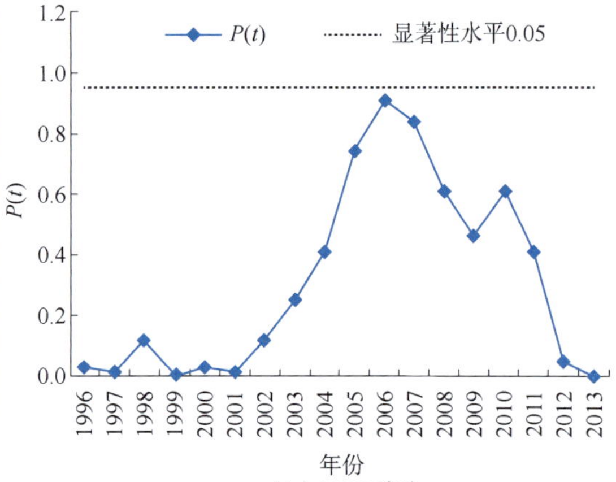


（b）MWP检验

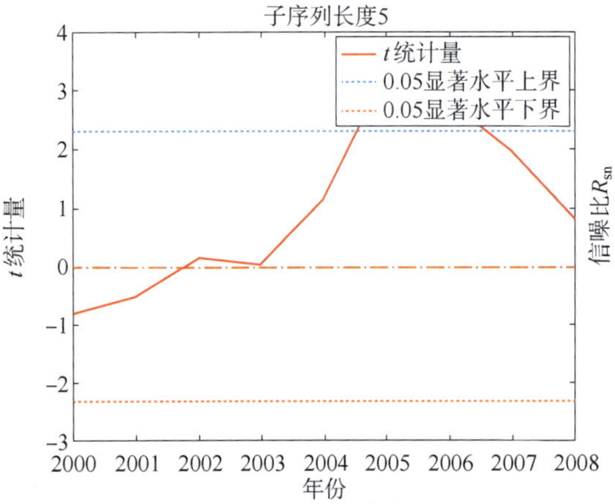


（c）滑动t检验

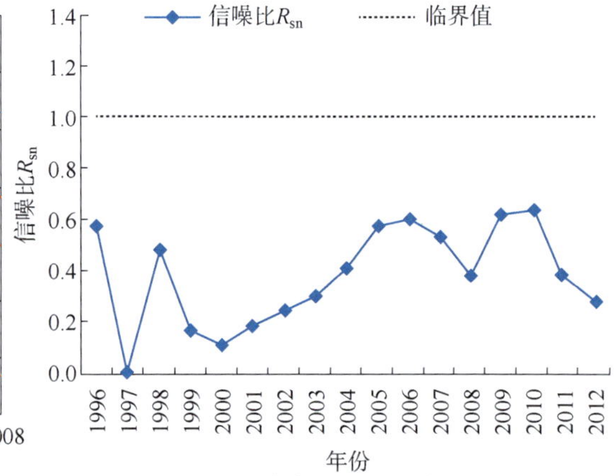


（d）Yamamoto法

图 4.18　丰水期典型观测井沙窝营 $Mg^{2+}$ 突变检验结果

由图 4. 18 可知，典型观测井沙窝营丰水期 $Mg^{2+}$ 在 MK 检验中，虽然 UF 和 UB 两条线有交点，但是其 UF 线在临界线内变动，未超出临界线，所以在 MK 检验中 $Mg^{2+}$ 在 1996 年至 2013 年枯水期的变化中未发生突变。在 MWP 检验中，$P(t)$ 均小于显著性水平 0. 05 对应值，所以在 1996 年至 2013 年中未发生突变。在滑动 $t$ 检验中，子序列 $t$ 统计量的值超过显著水平的点为 2005 年和 2006 年。在 Yamamoto 法中，1996 年至 2012 年的信噪比 $R_{sn}$ 小于 1，所以在 1996 年至 2013 年中未发生突变。由此可知，典型观测井沙窝营 $Mg^{2+}$ 在 1996 年至 2013 年丰水期中没有发生突变。

其余观测井突变点的检验结果见表 4. 9 和表 4. 10。

**表 4. 9　低矿化度区枯水期各典型观测井地下水水化学组分突变检验结果**

| 地点 | 水化学组分 | | | | | |
|---|---|---|---|---|---|---|
| | $HCO_3^-$ | $Cl^-$ | $SO_4^{2-}$ | $Mg^{2+}$ | $Ca^{2+}$ | $Na^++K^+$ |
| 府庄 | 2001 年 | 未突变 | 未突变 | 未突变 | 2001 年 | 未突变 |
| 高庄 | 2003 年、2012 年 | 未突变 | 未突变 | 未突变 | 未突变 | 未突变 |
| 沟王 | 未突变 | 未突变 | 2001 年、2002 年 | 未突变 | 未突变 | 2002 年、2003 年 |
| 贺庄 | 未突变 | 未突变 | 未突变 | 未突变 | 未突变 | 未突变 |
| 亢村 | 未突变 | 未突变 | 未突变 | 未突变 | 未突变 | 未突变 |
| 七里营 | 未突变 | 未突变 | 2004 年 | 未突变 | 未突变 | 2004 年 |
| 沙窝营 | 2003 年 | 2000 年、2001 年 | 未突变 | 未突变 | 2007 年、2008 年 | 2003 年、2004 年 |
| 王贵楼 | 未突变 | 2000 年、2001 年、2005 年 | 2002 年、2003 年 | 未突变 | 2001 年 | 2002 年、2003 年 |
| 王朋庄 | 2001 年、2002 年 | 2000 年、2001 年 | 2001 年、2003 年、2004 年 | 未突变 | 2002 年 | 2001 年、2002 年 |
| 西磁 | 2001 年、2002 年 | 2004 年、2005 年 | 未突变 | 2003 年 | 2008 年 | 2005 年、2006 年、2007 年 |
| 夏庄 | 2003 年 | 未突变 | 未突变 | 未突变 | 未突变 | 2000 年、2001 年 |
| 尹寨 | 未突变 | 未突变 | 未突变 | 未突变 | 未突变 | 2008 年、2012 年 |
| 职庄 | 未突变 | 未突变 | 2004 年、2005 年 | 未突变 | 未突变 | 2006 年、2007 年 |

**表 4.10 低矿化度区丰水期各典型观测井地下水水化学组分突变检验结果**

| 地点 | 水化学组分 | | | | | |
|---|---|---|---|---|---|---|
| | $HCO_3^-$ | $Cl^-$ | $SO_4^{2-}$ | $Mg^{2+}$ | $Ca^{2+}$ | $Na^++K^+$ |
| 府庄 | 2007 年 | 2007 年、2009 年 | 未突变 | 未突变 | 2012 年 | 2006 年 |
| 高庄 | 2002 年 | 未突变 | 未突变 | 2002 年 | 未突变 | 未突变 |
| 沟王 | 未突变 | 未突变 | 2002 年、2011 年 | 未突变 | 未突变 | 未突变 |
| 贺庄 | 未突变 | 未突变 | 未突变 | 2007 年 | 未突变 | 2007 年 |
| 亢村 | 未突变 | 未突变 | 2012 年 | 未突变 | 未突变 | 未突变 |
| 七里营 | 未突变 | 2012 年 | 2002 年、2003 年 | 未突变 | 未突变 | 2012 年 |
| 沙窝营 | 未突变 | 2002 年 | 未突变 | 未突变 | 未突变 | 2002 年 |
| 王贵楼 | 未突变 | 2002 年 | 2003 年、2006 年 | 未突变 | 2010 年 | 2005 年、2006 年 |
| 王朋庄 | 未突变 | 2002 年 | 2003 年 | 未突变 | 未突变 | 2002 年、2003 年 |
| 西磁 | 2007 年 | 2006 年 | 未突变 | 未突变 | 2012 年 | 2005 年、2006 年、2008 年 |
| 夏庄 | 未突变 | 未突变 | 未突变 | 未突变 | 未突变 | 2002 年、2003 年 |
| 尹寨 | 未突变 | 未突变 | 未突变 | 未突变 | 未突变 | 2002 年 |
| 职庄 | 未突变 | 未突变 | 未突变 | 未突变 | 2007 年、2012 年 | 未突变 |

由表 4.9 和表 4.10 可知，低矿化度区水化学组分发生突变的特点为：

1）所有离子在枯、丰水期都发生了突变。除 $Mg^{2+}$ 外，其余离子最先发生突变的时间都是在枯水期，然后才在丰水期。

2）除 $Mg^{2+}$ 外，其余离子在枯水期发生突变的频次比在丰水期发生突变的频次要多，表明 $Mg^{2+}$ 在低矿化度区枯水期比丰水期稳定。

3）枯水期除 $Mg^{2+}$ 外，其余离子在枯水期的突变具有持续性，丰水期 $Na^++K^+$ 的突变也具有持续性，而其余离子在丰水期则没有。

通过对比高矿化度区和低矿化度区的地下水水化学组分突变特点，可以得出：

1）高矿化度区和低矿化度区在枯水期和丰水期各水化学组分均发生了突变。

2）从发生突变时间早晚来看，高矿化度区和低矿化度区 $Ca^{2+}$、$Cl^-$、$SO_4^{2-}$、$HCO_3^-$ 和 $Na^++K^+$发生突变的时间都是枯水期早于丰水期。

3）从发生突变频次多少来看，高矿化度区和低矿化度区 $Ca^{2+}$、$Cl^-$、$SO_4^{2-}$ 和 $Na^++K^+$ 在枯水期发生突变的频次比在丰水期发生突变的频次多。而 $HCO_3^-$ 在高矿化度区枯水期发生突变的频次小于丰水期，在低矿化度区却与高矿化度区规律相反。

4）从是否发生突变、突变时间和突变频次多少来看，除 $HCO_3^-$ 外，其他离子在高矿化度区和低矿化度区枯水期突变时间早于丰水期，突变次数枯水期多于丰水期。

## 4.4 地下水水化学空间演变特征

### 4.4.1 低矿化度区演变特征

低矿化度区灌区地下水箱线图如图 4.19 所示，地下水中 TDS 分布范围为 250～1500mg/L，主要的阳离子质量浓度顺序是：$Na^++K^+>Ca^{2+}\approx Mg^{2+}$，主要的阴离子质量浓度顺序是：$HCO_3^->SO_4^{2-}\approx Cl^-$，$HCO_3^-$ 浓度相对其他离子浓度较高，1996 年和 2016 年 $HCO_3^-$ 平均浓度分别为 345.22mg/L 和 594.30mg/L，1996 年 $Na^++K^+$和 $SO_4^{2-}$ 平均浓度分别为 111.27mg/L 和 127.32mg/L，2016 年 $Na^++K^+$ 和 $SO_4^{2-}$ 平均浓度分别为 129.62mg/L 和 156.32mg/L，地下水水化学类型分别为 $HCO_3\cdot Cl-Mg\cdot Na\cdot Ca$ 型、$HCO_3-Mg\cdot Na\cdot Ca$ 型、$HCO_3\cdot SO_4-Ca\cdot Mg\cdot Na$ 型和 $HCO_3-Mg\cdot Ca\cdot Na$ 型。

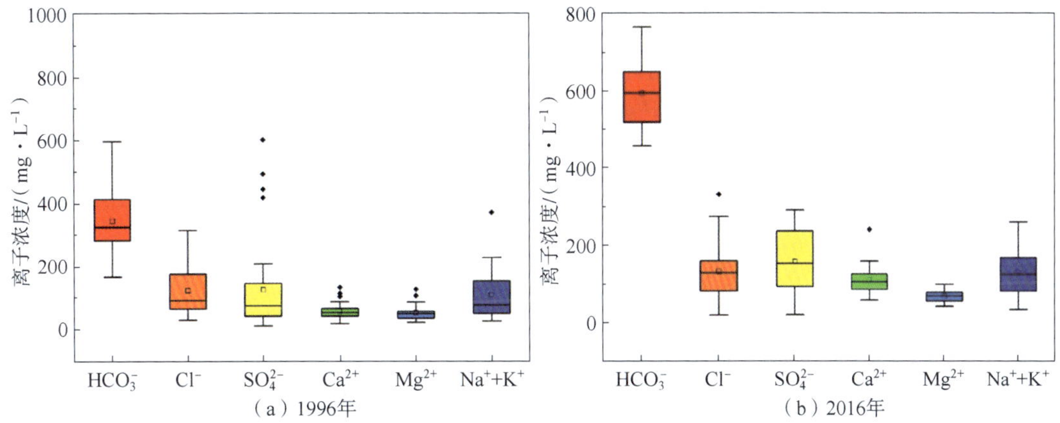


图 4.19 低矿化度区灌区地下水箱线图

地下水除 $HCO_3^-$ 和 $Ca^{2+}$浓度外，其他离子浓度之间相关性均较高，如图 4.20 所示，1996 年地下水中 TDS 与 $Cl^-$、$Mg^{2+}$和 $Na^++K^+$相关系数分别为 0.925、0.904 和 0.959，显著性水平达到 0.01；2016 年地下水中 TDS 与 $Cl^-$、$SO_4^{2-}$ 和 $Na^++K^+$相关系数分别为 0.922、0.798 和 0.841，显著性水平达到 0.01。

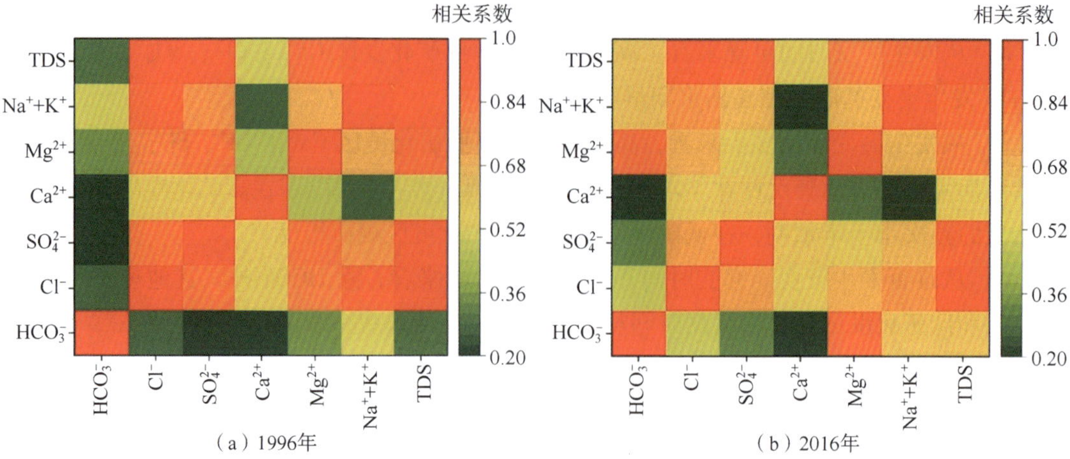


图 4.20 低矿化度区地下水水化学组分相关性热点图

### 4.4.2 高矿化度区演变特征

高矿化度区地下水箱线图如图 4.21 所示，地下水中 TDS 分布范围为 500~4500mg/L，主要的阳离子浓度顺序是：$Na^{+}+K^{+}>Ca^{2+}\approx Mg^{2+}$，主要的阴离子浓度顺序是：$SO_4^{2-}>HCO_3^{-}>Cl^{-}$，$SO_4^{2-}$ 浓度远高于其他离子浓度，1996 年和 2016 年 $SO_4^{2-}$ 平均浓度分别为 762.22mg/L 和 1116.31mg/L，1996 年 $Na^{+}+K^{+}$ 和 $HCO_3^{-}$ 平均浓度分别为 274.06mg/L 和 340.26mg/L，2016 年 $Na^{+}+K^{+}$ 和 $HCO_3^{-}$ 平均浓度分别为 183.36mg/L 和 569.63mg/L，地下水水化学类型分别为 $SO_4\cdot Cl\cdot HCO_3$-Na · Mg 型、$SO_4\cdot Cl$-Na · Mg · Ca 型和 $SO_4$-Na · Mg 型。地下水除 $HCO_3^{-}$ 浓度外，其他离子浓度之间相关性均较高，如图 4.22所示，1996 年地下水中 TDS 与 $SO_4^{2-}$、$Mg^{2+}$ 和 $Na^{+}+K^{+}$ 相关系数分别为 0.984、0.967 和 0.923，显著性水平达到 0.01；2016 年地下水中 TDS 与 $SO_4^{2-}$、$Ca^{2+}$、$Mg^{2+}$ 和 $Na^{+}+K^{+}$ 相关系数分别为 0.967、0.915、0.931 和 0.925，显著性水平达到 0.01。

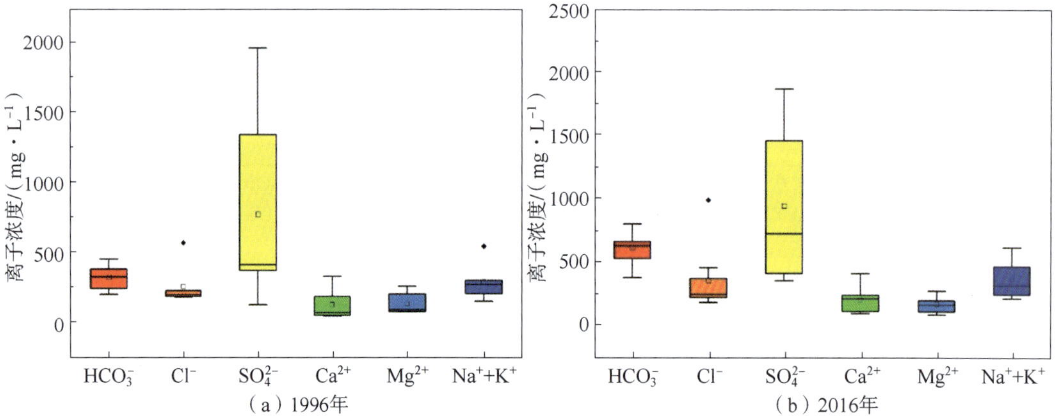


图 4.21 高矿化度区灌区地下水箱线图

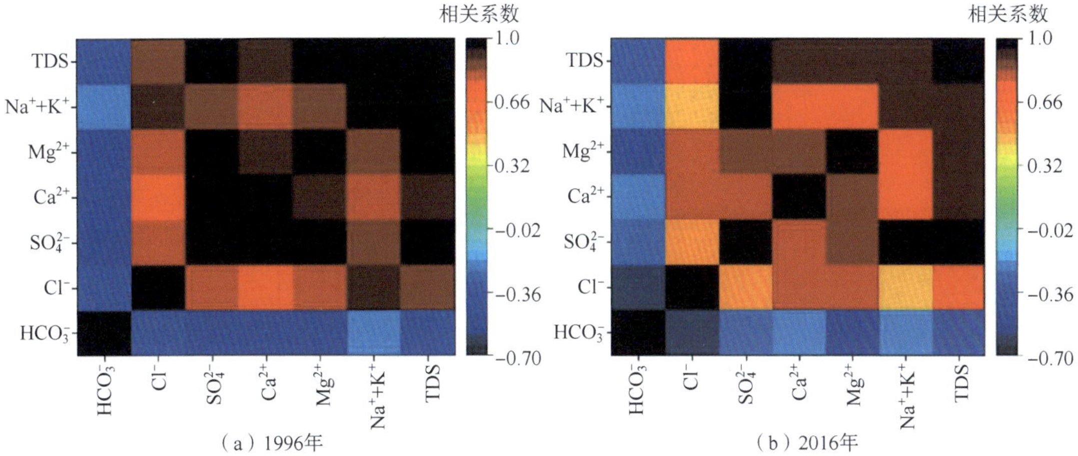


（a）1996年　　（b）2016年

图 4.22　高矿化度区地下水水化学组分相关性热点图

### 4.4.3　地下水水化学空间突变分析

#### 4.4.3.1　空间突变点结果

以 2021 年丰水期（9 月份）取样数据和 2022 年枯水期（3 月份）取样数据为代表，来分析灌区丰水期和枯水期地下水水化学组分的空间突变。操作步骤如下：

1）首先在 Google Earth 截取灌区所在区域图像，在 ArcGIS10.7 里，定义图像为 Bei-jing_1954_，并选择控制点对图像进行精校正，矢量化提取研究区边界。

2）对“研究区”图进行投影处理，投影处理完成后对“研究区”图进行渔网的创建，相邻渔网点的间隔距离选择 3000m×3000m，渔网点覆盖整个灌区，接下来对“研究区”创建的渔网进行裁剪，裁剪出“研究区”的范围，裁剪后“研究区”*X* 方向有 27 列，*Y* 方向有 19 行，一共有 210 个渔网点，对 210 个渔网点进行编号。研究区渔网创建和裁剪结果如图 4.23 所示。

3）将 2021 年丰水期取样数据点坐标和 2022 年枯水期取样数据点坐标应用显示 *XY* 坐标功能导入经纬度坐标，输出坐标系为 WGS_1984_UTM_zone_49N，让取样点在“研究区”图上显示出来，并导出为 shapefile 文件。

4）用丰水期和枯水期的取样数据在裁剪完成后的“研究区”图上依次对各水化学离子进行空间插值处理，插值方法采用反距离权重法，完成样点指标的空间插值，得到灌区丰、枯水期地下水水化学各组分的插值结果图，接下来以表格的形式导出 210 个渔网点的插值数据，对 210 个渔网点数据进行处理，找出 *X* 方向 27 列的数据和 *Y* 方向 19 行的数据。

5）最后采用空间突变检测方法来计算丰水期和枯水期各水化学组分在空间上的突变。2021 年丰水期（9 月份）和 2022 年枯水期（3 月份）空间突变点计算结果如图 4.24 至图 4.29 所示。

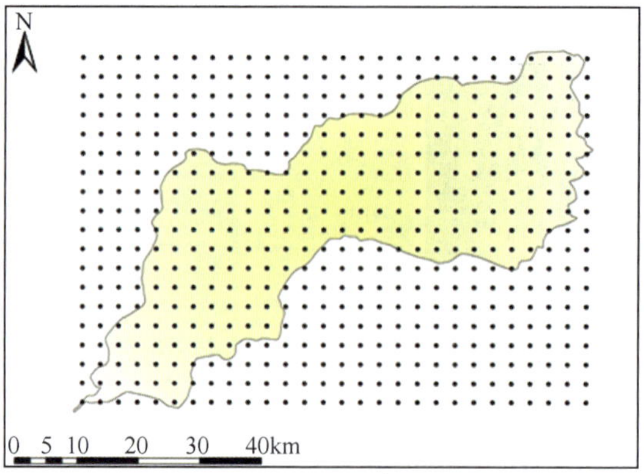


（a）渔网点创建过程

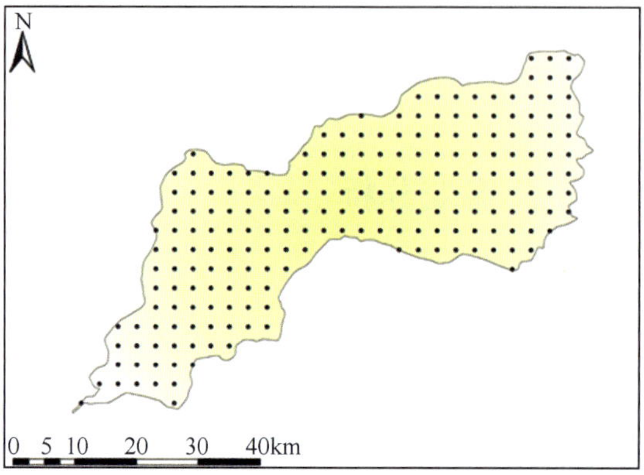


（b）渔网点裁剪结果

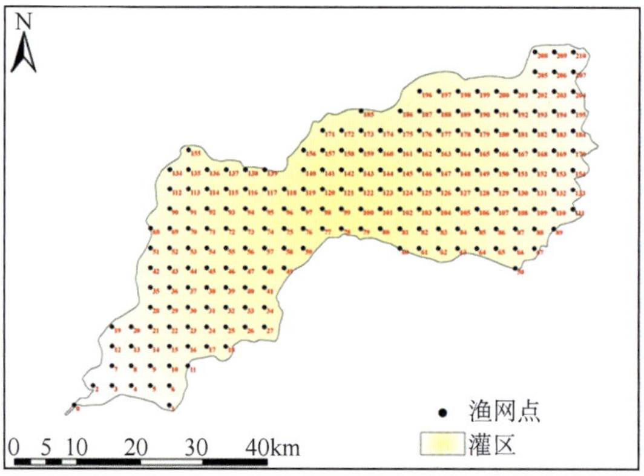


（c）渔网点编号

图 4.23　渔网创建过程和裁剪结果

#### 4.4.3.2　$HCO_3^-$ 空间突变结果

由图 4.24 可知，丰、枯水期 $HCO_3^-$ 空间突变在 *X* 切片方向和 *Y* 切片方向均发生了突变。丰水期空间突变主要发生在灌区西北部、中部和东部。枯水期空间突变在丰水期发生突变区域的基础上向灌区东北部扩散。丰、枯水期 *X* 切片方向检验出的空间突变点均比 *Y* 切片方向检验出的空间突变点多，这是由于 *X* 切片方向的距离比 *Y* 切片方向的距离长，*X*

切片方向贯穿空间离子浓度变化范围比 $Y$ 切片方向贯穿空间离子浓度的变化范围大。无论是 $X$ 切片方向还是 $Y$ 切片方向，$HCO_3^-$ 浓度在空间突变发生的地方都是在浓度梯度值变化大的地方。

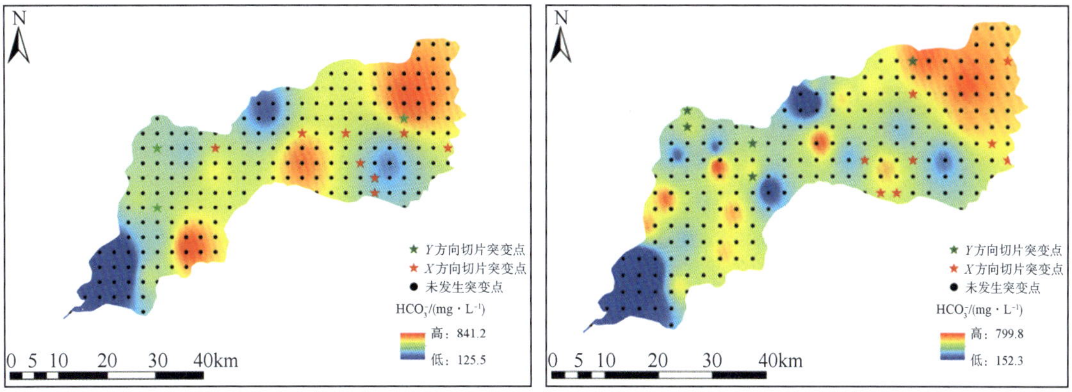


（a）丰水期　　　　（b）枯水期

图 4.24　$HCO_3^-$ 空间突变点分布

### 4.4.3.3　$Cl^-$空间突变结果

由图 4.25 可知，灌区 $Cl^-$空间突变的特点为：无论在丰水期还是枯水期，空间突变均未发生在 $Cl^-$浓度高值区域，这是因为灌区 $Cl^-$高浓度区域在丰水期和枯水期的范围是稳定的，基本处于灌区北部。丰水期 $Cl^-$空间突变主要集中在灌区东部和东北部区域，枯水期 $Cl^-$空间突变逐渐向灌区西南部方向扩散，这是由于枯水期西南部方向 $Cl^-$浓度较丰水期有增大的趋势。$Cl^-$浓度在 $X$ 切片方向的空间突变主要发生在两种不同浓度范围的交界处，且这两种不同浓度范围均不是高浓度范围。在 $Y$ 切片方向空间突变主要发生在低浓度范围内，表明 $Cl^-$在低浓度范围内波动变化幅度大。

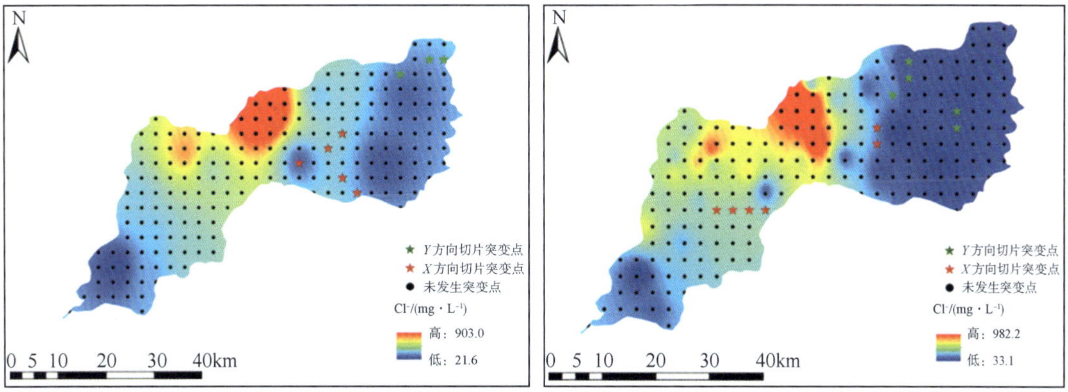


（a）丰水期　　　　（b）枯水期

图 4.25　$Cl^-$空间突变点分布

### 4.4.3.4　$SO_4^{2-}$ 空间突变结果

由图 4.26 可知，丰水期 $SO_4^{2-}$ 空间突变主要发生在灌区中部浓度梯度变化大的区域，

枯水期 $SO_4^{2-}$ 空间突变向灌区东北部浓度低值区域移动，这是因为枯水期 $SO_4^{2-}$ 浓度发生空间突变的区域与丰水期时相比，浓度值降低。

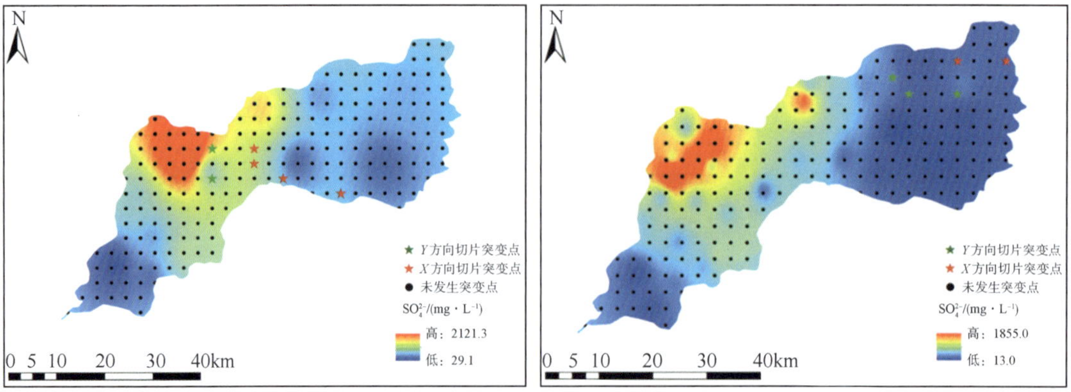


（a）丰水期　　（b）枯水期

图 4.26　$SO_4^{2-}$ 空间突变点分布

#### 4.4.3.5　$Mg^{2+}$空间突变结果

由图 4.27 可知，灌区 $Mg^{2+}$在丰水期发生空间突变的点比在枯水期发生空间突变的点多，且丰水期发生空间突变的范围主要在灌区中部、东北部和东南部，而枯水期发生空间突变的范围除东南部没有外，其余与丰水期发生空间突变的范围是一样的。灌区东南部在枯水期没发生空间突变是因为在枯水期灌区东南部 $Mg^{2+}$浓度较丰水期时在降低，且范围在扩大，所以灌区从西往东 $X$ 切片方向 $Mg^{2+}$浓度依次降低，从北往南 $Y$ 切片方向 $Mg^{2+}$浓度也是在降低，这样就会出现其他方向浓度至东南部的浓度都是沿程减小的趋势，所以东南部 $Mg^{2+}$浓度在枯水期空间突变消失。无论是丰水期还是枯水期 $Mg^{2+}$发生空间突变的地方都是浓度梯度变化大的地方。

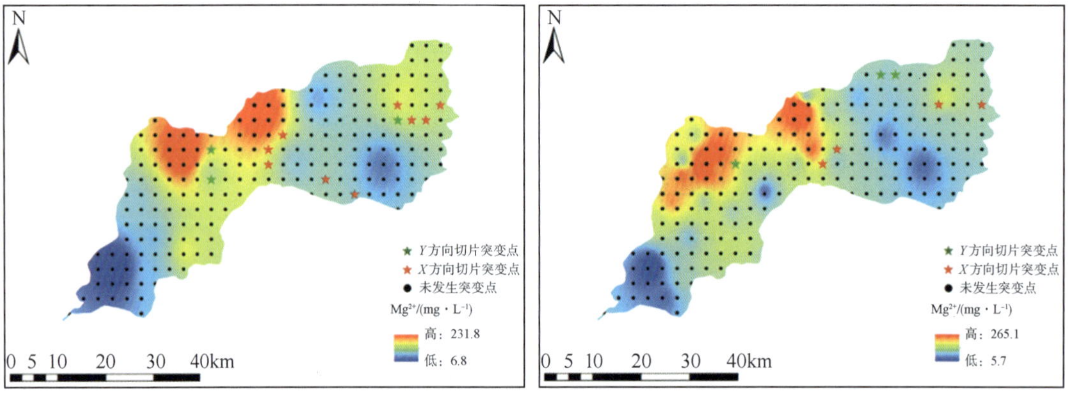


（a）丰水期　　（b）枯水期

图 4.27　$Mg^{2+}$空间突变点分布

#### 4.4.3.6　$Ca^{2+}$空间突变结果

由图 4.28 可知，$Ca^{2+}$在丰水期时空间突变主要发生在灌区西北部和东南部，在枯水期时空间突变主要发生在灌区东部。丰水期发生空间突变的地方主要集中在浓度梯度变化大的地方，枯水期发生空间突变的地方主要在经过丰（枯）水期交替后，浓度降低的地方，不再是丰水期时浓度梯度变化大的地方，这说明枯水期时同一浓度范围内，只要出现浓度波动幅度大，也会有空间突变的发生。

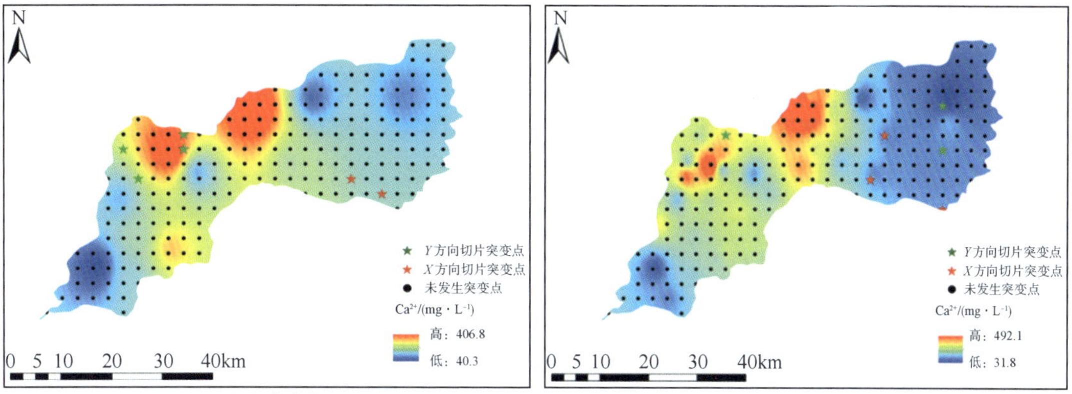


（a）丰水期　　（b）枯水期

图 4.28　$Ca^{2+}$空间突变点分布

#### 4.4.3.7　$Na^{+}+K^{+}$空间突变结果

由图 4.29 可知，$Na^{+}+K^{+}$空间突变特点为丰水期空间突变点比枯水期空间突变点少，丰水期空间突变主要集中在灌区中部浓度梯度变化大的地方，枯水期主要集中在灌区东北部，*Y* 方向切片突变点主要出现在浓度梯度变化大的地方，*X* 切片方向突变点主要集中在与丰水期浓度相比在枯水期浓度降低的区域。

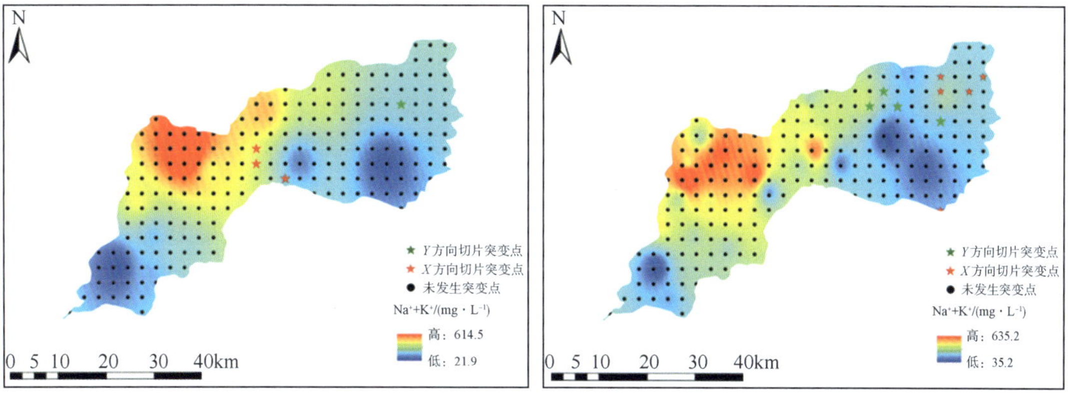


（a）丰水期　　（b）枯水期

图 4.29　$Na^{+}+K^{+}$空间突变点分布

通过以上分析，可以得出灌区空间突变有如下特点：

1）灌区内 $HCO_3^-$、$Cl^-$和 $Na^{+}+K^{+}$在枯水期发生的空间突变点比在丰水期发生的空间突变点多；$SO_4^{2-}$、$Ca^{2+}$和 $Mg^{2+}$则在丰水期发生的空间突变点比在枯水期发生的空间突变点多。

2）空间突变通常发生在同一时期里同一方向上离子浓度梯度值变化较大的地方或从

丰水期至枯水期交替变化时，离子浓度较上一个时期相比变化幅度大的地方，且该离子浓度范围内出现了浓度波动变化很大的情境。

## 4.5 小结

1）结合地貌特征、地下水 TDS 空间分布特征和聚类分析结果将研究区分为两个单元区，即高矿化度区和低矿化度区。高矿化度区地下水各离子浓度均高于低矿化度区地下水各离子浓度，低矿化度区地下水主要的阳离子浓度顺序是：$Na^{+}+K^{+}>Ca^{2+}\approx Mg^{2+}$，主要的阴离子浓度顺序是：$HCO_3^{-}>SO_4^{2-}\approx Cl^{-}$，除 $HCO_3^{-}$、$Ca^{2+}$浓度外，其他离子浓度之间相关性均较高。高矿化度区地下水中主要的阳离子浓度顺序是：$Na^{+}+K^{+}>Ca^{2+}\approx Mg^{2+}$，主要的阴离子浓度顺序是：$SO_4^{2-}>HCO_3^{-}>Cl^{-}$，地下水除 $HCO_3^{-}$ 浓度外，其他离子浓度之间相关性均较高。

2）在低矿化度区，1987—1996 年、2013 年和 2016 年地下水 TDS 范围在 500～1500mg/L，2001 年和 2006 年 TDS 范围在 200～1000mg/L，2022 年 TDS 范围在 500～2000mg/L；地下水中 $HCO_3^{-}$、$Cl^{-}$、$SO_4^{2-}$ 和 TDS 在 1987—2001 年呈逐渐减小趋势，2002—2022 年呈逐渐增加趋势，$Ca^{2+}$、$Mg^{2+}$和 $Na^{+}$在 1987—2001 年呈逐渐减小趋势。在高矿化度区，1987—2006 年地下水 TDS 范围在 500～4000mg/L，2013—2022 年中 TDS 范围在 1000～4000mg/L；1987—2001 年 $HCO_3^{-}$、$Ca^{2+}$和 $Mg^{2+}$呈逐渐减小趋势。

3）在低矿化度区，1987 年、2001 年、2006 年和 2013 年地下水阳离子以 Na · Mg 为主，1990 年灌区地下水阳离子以 Na · Mg · Ca 为主，1996 年和 2022 年地下水阳离子以 Na · Mg、Mg · Na · Ca 和 Mg · Na 为主，2016 年灌区地下水阳离子以 Ca · Mg · Na、Mg · Ca · Na 和 Mg · Na · Ca 为主；在高矿化度区，地下水除 2016 年外其他年份阳离子主要是 Na · Mg 型。在低矿化度区，1987 年渠首地下水主要是 $HCO_3$ 型，其他地区是$HCO_3$ · $SO_4$ 型；1990 年渠首地下水出现 $HCO_3$ · Cl 型，中部地区是 $HCO_3$ 型水，东北地区是 $HCO_3$ · $SO_4$ 型；1996 年地下水中 $HCO_3$ · Cl 型分布范围增加，渠首和东北地区地下水主要阴离子是 $HCO_3$ · Cl 型，中部地区是 $HCO_3$ 型水；2001 年低矿化度区地下水主要是 $HCO_3$ · Cl 型；2006 年和 2013 年地下水中渠首地下水主要阴离子是 $HCO_3$ · Cl 型，其他地区是 $HCO_3$ · $SO_4$ 型；2016 年和 2022 年渠首地下水主要是 $HCO_3$ · $SO_4$ 型，东北地区是 $HCO_3$ 型水；在高矿化度区，1987—2022 年地下水阴离子以 $SO_4$ · $HCO_3$ 型、$SO_4$ · Cl 型和 Cl · $SO_4$ · $HCO_3$ 为主。

4）1987—2001 年低矿化度区地下水水化学类型由 $HCO_3$ · $SO_4$-Na · Mg 型和 $HCO_3$-Na · Mg 转变成 $HCO_3$ · Cl-Na · Mg 型，2006—2022 年渠首地下水水化学类型主要是 $HCO_3$ · Cl-Na · Mg · Ca 型和 $HCO_3$-Na · Mg 型，中部地区由 $HCO_3$ · Cl-Na · Mg 型逐渐转变成 $HCO_3$ · $SO_4$ · Cl-Na · Mg · Ca 型，东北地区由 $HCO_3$ · Cl-Na · Mg 型逐渐转变成 $HCO_3$-Na · Mg 型；1987—2022 年高矿化度区地下水水化学类型主要是 $SO_4$ · $HCO_3$-Na · Mg 型、$SO_4$ · Cl-Na · Mg 型和 Cl · $SO_4$ · $HCO_3$-Na · Mg 型。灌区 1987—2022 年地下水中主要阴、阳离子和水化学类型变化趋势呈现区域性及阶段性特征。

# 第 5 章　灌区地下水水质评价

在自然因素影响和人类活动的强干扰下，灌区地下水水化学组分发生了改变，直接影响了地下水用途。本章从生活饮用、农业灌溉和工业锅炉用水 3 个方面对研究区地下水水质状况及其演变过程进行分析，旨在揭示地下水主要超标因子，一方面从主要超标因子的演变过程便于分析水化学影响因素，另一方面为区域地下水资源的充分合理利用提供支撑。

## 5.1　评价方法

### 5.1.1　生活饮用水水质评价方法

地下水作为生活饮用水的适用性，本书主要采用单因子评价法进行评价，是将指标的实测值与《生活饮用水卫生标准》（GB 5749—2006）中相应指标的限值进行对比，未超过限值的指标适合生活饮用水标准，超过限值的为超标指标。本次评价指标主要包括 $Na^+$、$Al^{3+}$、$Fe^{3+}$、$NH_4^+$、$NO_3^-$、$NO_2^-$、$Cl^-$、$SO_4^{2-}$、$F^-$、TDS、TH（以 $CaCO_3$ 计）、COD（$COD_{Mn}$法，以 $O_2$计）及 pH 值等共 13 项。

对于超过《生活饮用水卫生标准》（GB 5749—2006）中规定限值的这些指标，采用单项指标贡献率法识别出影响地下水饮用水质量的主要影响因素。单指标贡献率一般指单指标超标贡献率，其计算公式如式 5. 1 所示（费宇红等，2014；田夏等，2017）：

$$\text{单指标超标贡献率}=\frac{\text{单指标超标个数}}{\text{超标总个数}}\times 100\% \tag{5.1}$$

### 5.1.2　农业灌溉用水水质评价方法

含盐量和钠离子浓度是区分灌溉水质的重要因素（Richards，1954；Nishanthiny et al.，2010）。盐分含量过高会导致盐渍土的形成，从而降低植物的渗透活性，干扰植物对土壤中水分和养分的吸收；过量的钠离子可与碳酸盐结合形成碱性土壤，也可与氯离子结合形成盐碱土，影响植物的正常生长（Adimalla et al.，2018；Saleh et al.，1999）。本书采用 USSL（US Salinity Laboratory diagram）图示法和 Wilcox 图示法评价地下水作为灌溉用水的适用性。

USSL 图示法是 1954 年由美国盐土室提出，依据钠吸附比（SAR）和电导率（EC）划分灌溉水等级（Nagarajan et al.，2010）。钠吸附比（SAR）是指水中存在的钠离子被土壤吸收程度的估计（Islam et al.，2017），它反映了钠离子在土壤交换反应中相对活性，其计算公式如式 5. 2 所示（谢菲，2016）：

$$SAR = \frac{Na^+}{\sqrt{(Ca^{2+} + Mg^{2+})/2}} \tag{5.2}$$

式中：所有离子浓度单位为 meq/L。

根据美国盐土室的划分规则，钠吸附比（SAR）可划分为 4 个等级，分别为：S1 等级为低钠水，其 SAR 值小于 10meq/L；S2 等级为中钠水，SAR 值介于 10~18meq/L 之间；S3 为高钠水，其 SAR 值介于 18~26meq/L 之间；S4 为极高钠水，其 SAR 值大于26meq/L。电导率（EC）也可划分为 4 个等级：第一等级 C1 为低盐水，其 EC 值小于 250μS/cm；第二等级 C2 为中盐水，其 EC 值介于 250~750μS/cm 之间；第三等级 C3 为高盐水，其 EC 值介于 750~2250μS/cm 之间；第四等级 C4 为极高盐水，其 EC 值大于 2250μS/cm。因此，根据 SAR 值 4 个等级与 EC 值 4 个等级的组合，USSL 图示法将灌溉水划分为 16 种。

Wilcox 图示法是基于钠百分率（Na%）和电导率（EC）划分灌溉水等级的方法。钠百分率是指水中钠离子占主要阳离子的比率，其计算公式如式 5.3 所示（Sarikhani et al.，2015）：

$$Na\% = \frac{(Na^+ + K^+) \times 100}{(Ca^{2+} + Mg^{2+} + Na^+ + K^+)} \tag{5.3}$$

式中：各离子浓度单位为 meq/L。

Wilcox 图示法将灌溉水分为 5 个等级：水质优秀区、水质良好区、水质可使用区、水质保留区和水质不可使用区（谢菲，2016）。

### 5.1.3 工业用水水质评价方法

在各种工业用水类型中，以锅炉用水相对较多。水在高温高压的锅炉环境中的天然状态发生改变，水化学成分也不断地进行化学作用，其中结垢、起泡和腐蚀作用等是影响工业用水的重要化学作用（Richards，1954）。本书从成垢、起泡和腐蚀 3 个方面对地下水用于一般工业用水中锅炉用水的适用性进行评价。其中，依据锅垢总量和硬垢系数分析地下水产生锅垢的量，采用起泡系数分析起泡作用，而腐蚀作用则腐蚀系数作为判断依据进行分析。

#### 5.1.3.1 锅垢总量和硬垢系数（$K_n$）

锅垢总量计算公式如下（杨建中，2014）：

$$H_0 = S + C + 72[Fe^{2+}] + 51[Al^{3+}] + 400[Mg^{2+}] + 118[Ca^{2+}] \tag{5.4}$$

式中：$H_0$ 为锅垢总浓度，单位为 mg/L；$S$ 为悬浮物浓度，单位为 mg/L；$C$ 为胶体浓度，胶体主要包括 $SiO_2$、$Fe_2O_3$ 和 $Al_2O_3$，单位为 mg/L；$[Fe^{2+}]$、$[Al^{3+}]$、$[Mg^{2+}]$ 和 $[Ca^{2+}]$ 均为各离子的浓度，单位为 mmol/L；式中的系数是根据沉淀物的摩尔质量计算出来的。

根据 $H_0$ 的大小可将水分为 4 个等级：$H_0$ 小于 125mg/L，锅垢很少；$H_0$ 等于 125~250mg/L，锅垢较少；$H_0$ 等于 250~500mg/L，锅垢较多；$H_0$ 大于 500mg/L，锅垢很多。

硬垢系数 $K_n$ 计算公式如下（李广贺，2010）：

$$K_n = H_n / H_0 \tag{5.5}$$

$$H_n = [SiO_2] + 40[Mg^{2+}] + 68([Cl^-] + 2[SO_4^{2-}] - [Na^+] - [K^+]) \tag{5.6}$$

式中：$H_n$ 为硬垢总浓度，单位为 mg/L；$[SiO_2]$ 为二氧化硅浓度，单位为 mg/L；$K_n$ 为硬垢系数；其他符号意义同前。

根据 $K_n$ 的大小可以将水分为 3 类：$K_n$ 大于 0.5，具有硬沉淀物的水；$K_n$ 等于 0.25~

0.5，具有中等沉淀物的水；$K_n$ 小于 0.25，具有软沉淀物的水。

#### 5.1.3.2 起泡系数（$F$）

起泡系数 $F$ 计算如下（梁艳艳，2016）：

$$F=62[Na^+]+78[K^+] \tag{5.7}$$

式中：$F$ 为起泡系数；$[Na^+]$，$[K^+]$ 分别表示离子浓度，单位为 mmol/L。

当 $F$ 小于 60 时，为不起泡水；当 $F$ 介于 60~200 之间时，为半起泡水；当 $F$ 大于 200 时，为起泡水。

#### 5.1.3.3 腐蚀系数（$K_k$）

腐蚀系数 $K_k$ 的计算公式为（梁艳艳，2016）：

酸性水：$$K_k=1.008([H^+]+3[Al^{3+}]+2[Fe^{2+}]+2[Mg^{2+}]-2[CO_3^{2-}]-[HCO_3^-]) \tag{5.8}$$

碱性水：$$K_k=1.008(2[Mg^{2+}]-[HCO_3^-]) \tag{5.9}$$

式中：$K_k$为腐蚀系数；$[H^+]$ 表示 $H^+$的离子浓度，单位为 mmol/L；其他同上。

当 $K_k$大于 0 时为腐蚀性水；当 $K_k$小于 0，且 $K_k+0.0503Ca^{2+}$大于 0 时为半腐蚀水；当 $K_k+0.0503Ca^{2+}$小于 0 时，为非腐蚀水。

## 5.2 生活用水水质评价

### 5.2.1 评价结果

2015 年、2016 年和 2021 年地下水取样点用于生活饮用水的水质评价结果如表 5.1 所示。单因子评价结果显示：2015 年，除府庄和塔铺外，研究区其他取样点均有指标超过《生活饮用水卫生标准》（GB 5749—2006）；2016 年，除武嘉、李大召村、西史庄外，研究区其他取样点均有指标存在超标现象；2021 年，除冯庄外，其他取样点地下水均有指标存在超标现象。因此，灌区大部分区域浅层地下水水质指标存在超标现象，不适宜作为生活饮用水。

**表 5.1 地下水生活用水水质评价结果**

| 年份 | 取样点 | $Na^+$ | $Cl^-$ | $SO_4^{2-}$ | $NO_3^-$ | $NO_2^-$ | TH | $COD_{Mn}$ | $F^-$ | TDS |
|---|---|---|---|---|---|---|---|---|---|---|
| 2015 | 关帝庙 | C | C | C | C | C | E | C | C | C |
| | 白露 | E | E | E | C | E | E | E | C | E |
| | 塔铺 | C | C | C | C | C | C | C | C | C |
| | 陈庄 | C | C | E | E | C | E | C | C | E |
| | 孙杏村 | E | E | E | E | C | E | E | C | E |
| | 府庄 | C | C | C | C | C | C | C | C | C |
| | 冯庄 | C | C | C | C | E | C | C | C | C |
| | 大新庄 | C | C | C | C | E | C | E | C | C |
| | 丁村 | E | E | E | E | C | E | C | C | E |
| | 王官营 | C | C | C | E | C | C | E | C | C |
| | 武嘉 | C | C | C | C | C | E | C | C | C |

续表

| 年份 | 取样点 | $Na^+$ | $Cl^-$ | $SO_4^{2-}$ | $NO_3^-$ | $NO_2^-$ | TH | $COD_{Mn}$ | $F^-$ | TDS |
|---|---|---|---|---|---|---|---|---|---|---|
| 2016 | 孙杏村 | E | E | E | E | C | E | E | C | E |
| | 陈庄 | C | C | E | E | C | E | C | C | E |
| | 王官营 | C | C | C | C | C | E | C | C | C |
| | 府庄 | C | C | C | C | C | E | C | C | C |
| | 冯庄 | C | C | C | C | C | E | C | C | C |
| | 武嘉 | C | C | C | C | C | C | C | C | C |
| | 塔铺 | C | C | C | C | C | E | C | C | C |
| | 孝合 | C | C | C | E | C | C | E | C | C |
| | 大新庄 | E | C | C | C | C | E | E | C | E |
| | 李源屯 | C | C | C | C | C | E | C | C | E |
| | 李大召村 | C | C | C | C | C | C | C | C | C |
| | 南魏庄村 | C | C | C | C | C | E | C | C | C |
| | 小赵堤 | C | C | C | C | C | E | C | C | C |
| | 西史庄 | C | C | C | C | C | C | C | C | C |
| | 班干村 | C | C | C | C | C | C | C | E | C |
| | 大张庄村 | E | E | E | E | E | E | E | C | E |
| | 程遇村 | E | C | E | C | C | E | C | C | E |
| | 西胡庄村 | C | C | C | C | C | E | C | C | E |
| | 前李村 | E | E | E | E | C | E | E | C | E |
| | 东王庄村 | C | C | C | C | C | E | C | C | C |
| | 小赵庄村 | C | C | C | C | C | E | C | C | E |
| | 郝村 | C | C | C | C | C | E | E | C | E |
| 2021 | 孙杏村 | E | E | E | E | C | E | — | C | E |
| | 程遇 | E | C | E | E | C | E | — | E | E |
| | 冯庄 | C | C | C | C | C | C | — | C | C |
| | 府庄 | C | C | C | C | C | E | — | C | C |
| | 李村 | E | C | E | C | E | E | — | E | E |
| | 王官营 | C | C | E | C | C | E | — | C | E |
| | 西史庄 | C | C | C | E | E | E | — | C | C |
| | 夏庄 | C | C | E | C | C | E | — | C | E |
| | 姚庄 | C | C | C | C | C | E | — | C | C |
| | 枣林 | E | C | E | C | C | E | — | C | E |
| | 张班枣村 | C | C | E | E | C | E | — | E | E |
| | 中召 | E | E | E | E | C | E | — | C | E |

注：C 表示未超标，E 表示超标。

在 9 项指标中，2015 年、2016 年和 2021 年各取样点地下水超《生活饮用水卫生标准》（GB 5749—2006）的指标个数空间分布如图 5.1 所示。2015 年，西北地区地下水超标个数较多，丁村、孙杏村和白露超标个数均在 5 个以上，渠首地区和东北地区超标个数较少，在 0~2 之间。2016 年，地下水超标个数最多的区域是西北地区，孙杏村、前李村和大张庄村超标个数均在 7 个以上；程遇、大新庄、郝村、陈庄和关帝庙等取样点水质超标个数均在 3~4 之间，主要分布在西北地区附近；渠首地区和东北地区超标个数较少，在0~2 之间。2021 年，地下水超标个数最多的区域是西北地区，中召、孙杏村和李村等取样点超标个数均为 5~6 之间，渠首地区和东北地区地下水质超标个数相对 2015 年和 2016 年增加，超标个数在 2~4 之间，表明地下水质有恶化趋势。综合来看，灌区地下水水质指标超标严重的取样点大多数位于西北地区，渠首地区和东北地区超标个数较少，但超标个数整体呈现增加趋势。

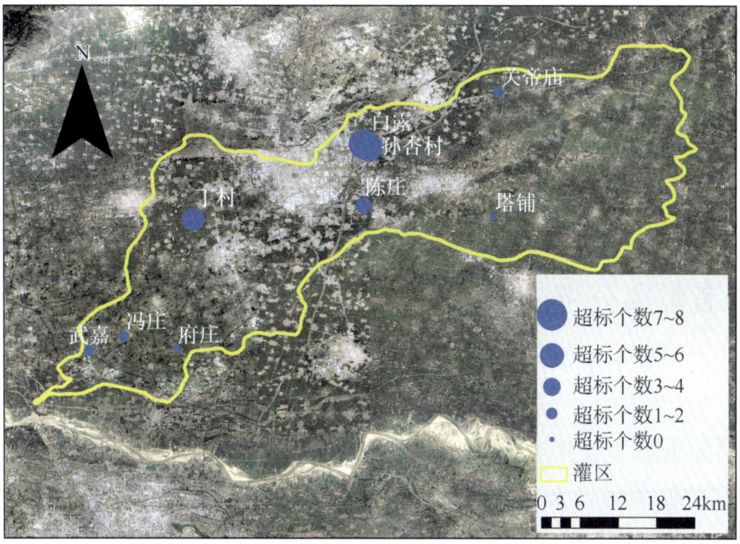


（a）2015年

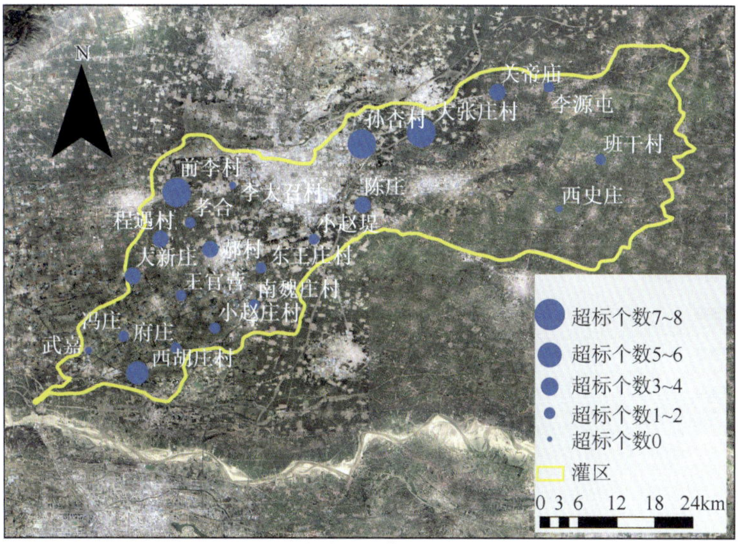


（b）2016年

图 5.1　地下水生活用水指标超标个数空间分布图

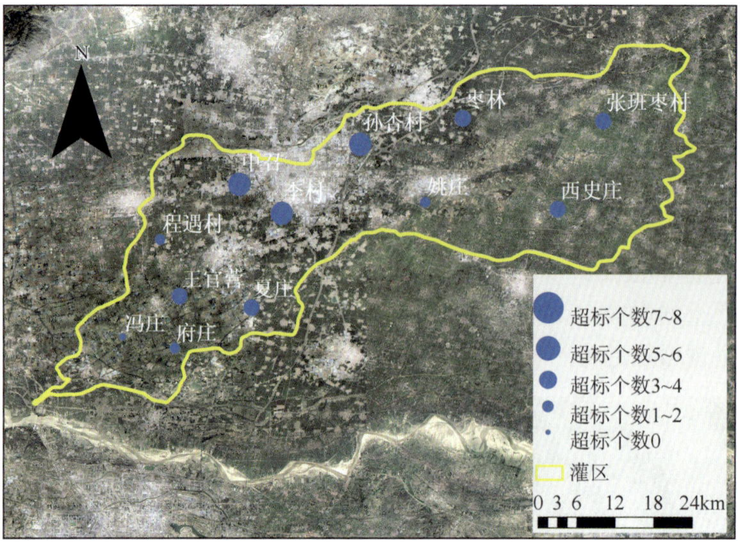


（c）2021年

图 5.1　地下水生活用水指标超标个数空间分布图（续）

## 5.2.2　超标贡献率分析

研究区各代表年地下水单指标超标贡献率如图 5.2 所示。2015 年，总硬度（TH）超标贡献率最大，为 19.35%，其次是溶解性总固体（TDS）、硝酸盐（$NO_3^-$）和化学需氧量（$COD_{Mn}$），其超标贡献率均介于 10%~20%之间，其他指标超标贡献率均小于 10%。2016 年，总硬度超标贡献率仍最大，为 30.50%，其次是溶解性总固体和硫酸盐（$SO_4^{2-}$），其指标贡献率分别为 22.03%和 10.16%，其余指标超标贡献率均小于 10%。2021 年，总硬度超标贡献率仍最大，为 25%，其次是溶解性总固体、硫酸盐（$SO_4^{2-}$）、钠离子（$Na^+$）和硝酸盐，其指标贡献率分别为 20%、20%、12.50%和 12.50%，其余指标超标贡献率均小于 10%。综合来看，超标最严重的是总硬度，其超标贡献率均大于 19.35%，其次是溶解性总固体，其 2015 年、2016 年和 2021 年超标贡献率分别为 12.90%、20%和 22.03%，氟离子（$F^-$）和硫酸盐超标个数贡献率呈现增长趋势。

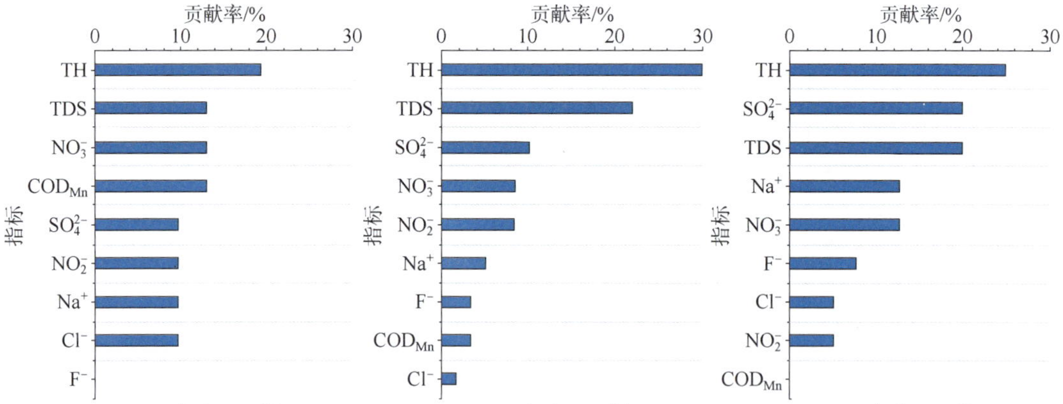


图 5.2　单指标超标贡献率图

研究区地下水总硬度值介于128.60~2495.24mg/L之间，2015年、2016年和2021年地下水总硬度均值分别为927.84mg/L、634.88mg/L和833.39mg/L，均大于《生活饮用水卫生标准》（GB 5749—2006）中的限值450mg/L。2015年、2016年和2021年研究区地下水溶解性总固体均值分别为1596mg/L、1101.81mg/L和1516.36mg/L，均大于《生活饮用水卫生标准》（GB 5749—2006）中的限值1000mg/L。2015年、2016年和2021年分别有36%、48%和66%取样点溶解性总固体超标，表明研究区有接近二分之一浅层地下水样品不适宜作为饮用水。结合空间分布图5.1来看，超标严重区域主要分布于研究区西北部的高矿化度区。

## 5.3 农业用水水质评价

### 5.3.1 评价结果

#### 5.3.1.1 USSL图

基于钠吸附比（SAR）和电导率（EC），绘制1996年、2006年、2016年和2021年的USSL图，如图5.3所示。研究区枯、丰水期浅层地下水电导率EC值介于100~7000μS/cm之间，且1996年、2006年、2016年和2021年地下水基本上属于高盐害水和极高盐害水；研究区取样点钠吸附比SAR值介于0~8之间，最大值小于10，表明研究区用地下水进行灌溉活动时，不会产生钠危害。研究区各代表年均有80%的取样点落于C3S1区，表明研究区大部分地下水为低钠害高盐害水，用该水进行灌溉不会产生钠盐危害，但需要选择耐盐性好的植物进行种植并做好排水措施。1996年、2006年、2016年和2021年有少数取样点位于C4区，属于中钠害极高盐害水，这些取样点基本上位于西北部，地下水矿化度较高，不适宜作为农业灌溉用水。

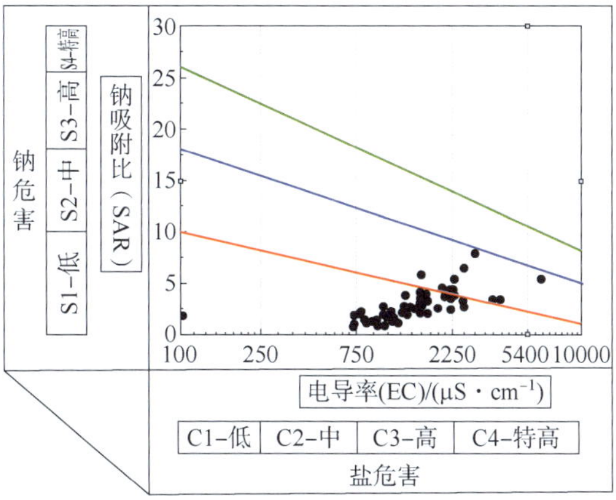


（a）1996年

图5.3 基于盐害和碱害的灌溉水质分类图（USSL图）

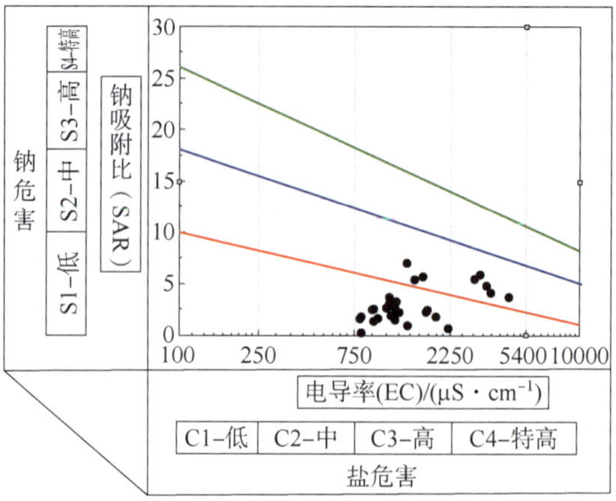


（b）2006年

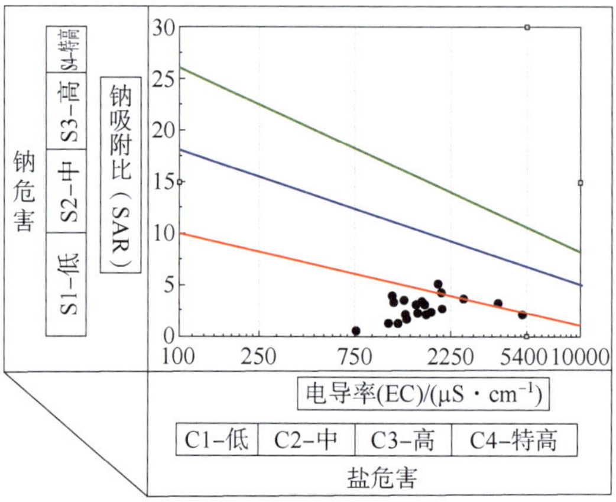


（c）2016年

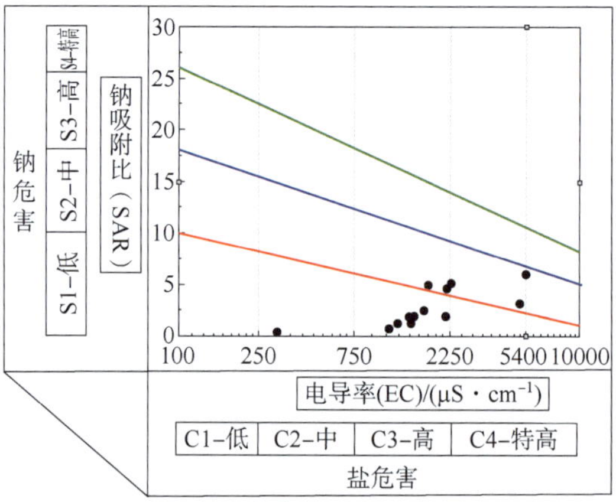


（d）2021年

图 5.3　基于盐害和碱害的灌溉水质分类图（USSL 图）（续）

#### 5.3.1.2　Wilcox 图

基于钠百分率（Na%）和电导率（EC），绘制 1996 年、2006 年、2016 年和 2021 年的 Wilcox 图，如图 5.4 所示。由 Wilcox 图可知，研究区 1996 年、2006 年、2016 年

和 2021 年分别有 73%和 68%的取样点落于水质良好区，且丰水期各有一个取样点位于水质优秀区和水质可用区，表明研究区大部分地下水可用于农业灌溉。在枯水期，研究区有 4 个取样点落于水质不可用区，分别是 G01、G08、G11 和 G20，有两个取样点 G06 和 G16 落于水质保留区。丰水期，取样点 G01、G06、G11 和 G20 位于水质不可用区，位于水质不可用区的是取样点 G08。对比分析枯丰水期落于水质保留区和水质不可用区的取样点可知，取样点 G01、G06、G08、G11 和 G20 等 5 个取样点枯（丰）水期水质均较差，取样点 G16 仅在枯水期水质较差，该结论与 USSL 图法得到的结论基本一致。

综合分析 USSL 图法和 Wilcox 图法可知，研究区西北地区部分取样点地下水电导率较高（EC>2418μS/cm），其他取样点电导率均小于 2418μS/cm，表明研究区除西北地区外，其他地区地下水均可作为灌溉用水。

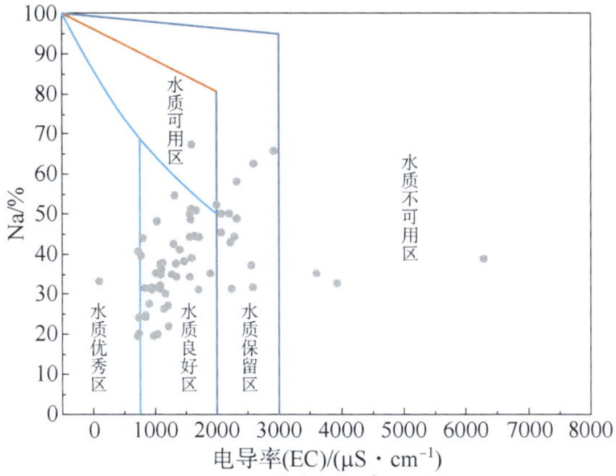


（a）1996年

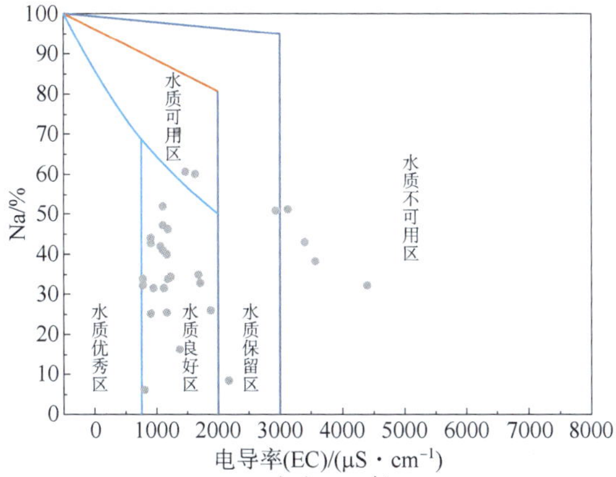


（b）2006年

图 5.4　基于电导率和钠百分率的灌溉水质分类图（Wilcox 图）

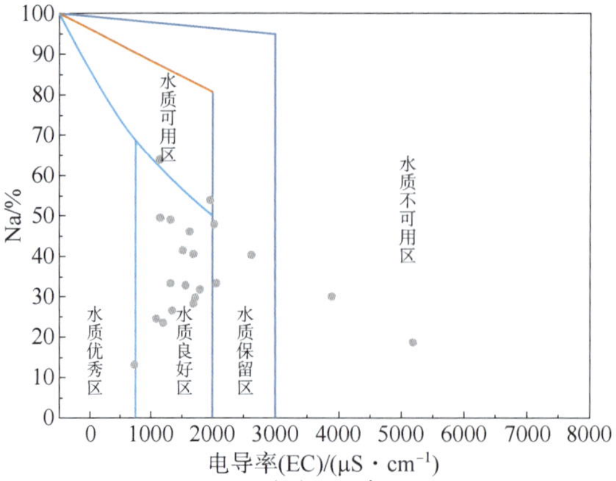


（c）2016年

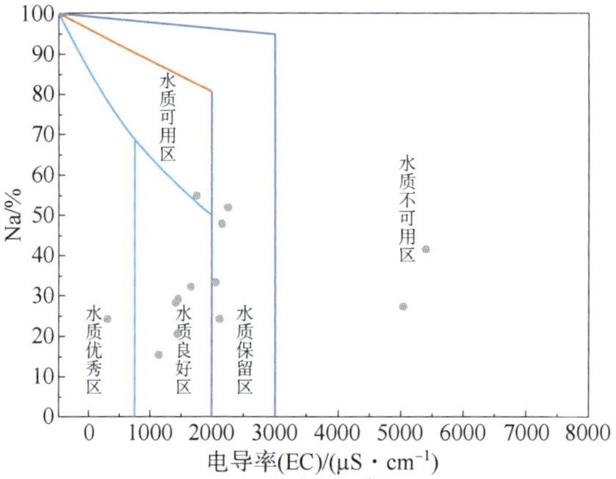


（d）2021年

图 5.4　基于电导率和钠百分率的灌溉水质分类图（Wilcox 图）（续）

## 5.3.2　农业用水水质演变过程

以 USSL 图中 SAR 值和 EC 值为指标，分析研究区不同区域地下水用于农业灌溉的适宜性演变过程。选取灌区内亢村、中召和夏庄为典型观测井，分别代表渠首、西北和中部地区。根据典型观测井 1996—2013 年地下水化学观测数据，绘制各个典型观测井的 SAR 值和 EC 值年际变化曲线，如图 5.5 所示。

1）亢村位于渠首地区，1996—2013 年地下水 SAR 值和 EC 值均在适宜作为农业灌溉用水变化范围内。除 2004 年和 2011 年 SAR 值大于 5 外，其他年份 SAR 值均小于 5，表明亢村取样点地下水用于灌溉时产生钠害的可能非常小，因此确定能否作为灌溉用水的主要指标是 EC 值。亢村取样点 EC 最大值出现在 2004 年，小于 1800μS/cm，表明在考虑微咸水灌溉的前提下，亢村取样点地下水可作为农业灌溉用水。1996—2013 年地下水 SAR 值呈现增加趋势，2016 年和 2021 年渠首地区地下水未出现 SAR 值大于 5 的现象，表明亢村取样点代表的渠首地区地下水可作为农业灌溉用水。

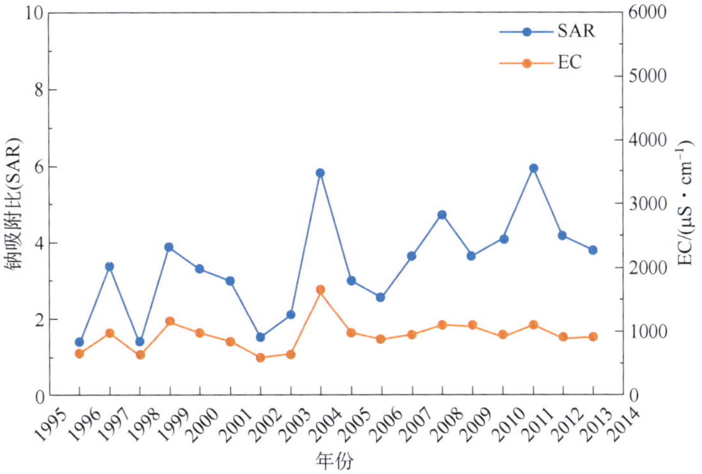


（a）亢村

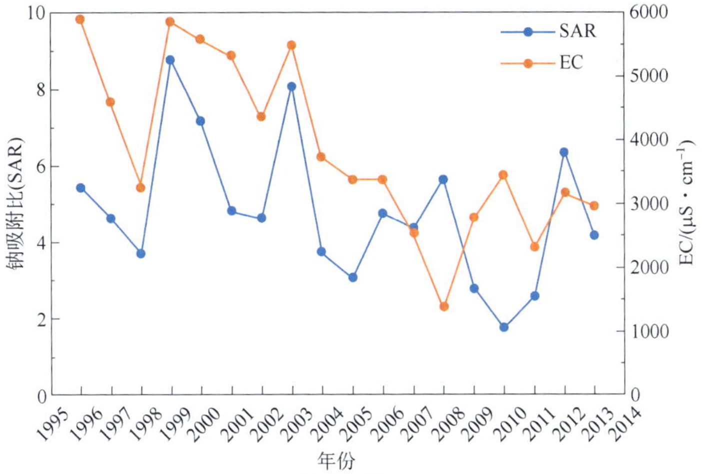


（b）中召

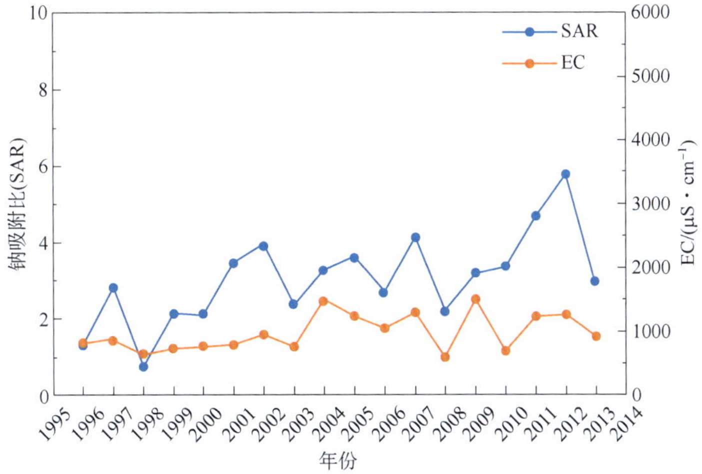


（c）夏庄

图 5.5　1996—2013 年典型观测井 SAR 值和 EC 值年际变化过程

2）中召位于西北地区，1996—2013 年地下水 SAR 值和 EC 值处于不适宜作为农业灌溉用水变化范围内，EC 值除 2008 年外，其他年份均大于 2250μS/cm，盐危害程度属于 C4，50%的年份地下水位于 USSL 图 C4S1 区，表明其处于低钠害极高盐害水，44%的年份地下水位于 USSL 图 C4S2 区，表明其处于中钠害极高盐害水，中召取样点浅层地下水不适宜作为农业灌溉用水。中召取样点 EC 值整体上呈下降趋势，表明中召取样点地下水水质有所改善，但 2021 年中召取样点地下水 SAR 值和 EC 值分别为 6.18 和 5380μS/cm，表明中召取样点地下水仍不适宜作为灌溉用水。

3）夏庄位于灌区中部地区，1996—2013 年地下水 SAR 值和 EC 值均在适宜作为农业灌溉用水变化范围内。除 2012 年 SAR 值大于 5 外，其他年份地下水 SAR 值均小于 5，表明夏庄取样点地下水用于灌溉时产生钠害的可能非常小，因此确定能否作为灌溉用水的主要指标是 EC 值。夏庄取样点 EC 最大值出现在 2004 年，小于 1800μS/cm，表明在考虑微咸水灌溉的前提下，夏庄取样点可作为农业灌溉用水。1996—2013 年地下水 SAR 值呈现增加趋势，2021 年夏庄地下水 SAR 值和 EC 值分别为 2.07 和 2120μS/cm，表明夏庄代表的中部地区地下水朝着不适宜灌溉的方向发展。

综上所述，渠首地区和中部地区地下水 SAR 值和 EC 值均呈现增加趋势，1996—2013 年地下水均适宜作为农业灌溉用水，2016 年和 2021 年渠首地区地下水适宜作为农业灌溉用水，但中部地区地下水朝着不适宜灌溉的方向发展。西北地区地下水电导率过高，不适宜作为灌溉用水。

## 5.4 工业用水水质评价

### 5.4.1 工业用水评价结果

#### 5.4.1.1 成垢作用

1996 年、2006 年、2016 年和 2021 年锅垢总量统计如图 5.6 所示。研究区地下水锅垢总量整体呈现增加趋势，1996 年有 66%取样点地下水锅垢总量超过 500mg/L，2006 年、2016 年和 2021 年分别有 80%、100%和 91%取样点地下水锅垢总量超过 500mg/L，表明灌区大部分地区地下水直接用于锅炉用水会产生很多锅垢。

硬垢系数（$K_n$）可以判断锅垢沉淀物的性质，如图 5.7 所示，1996 年研究区有 17%取样点地下水硬垢系数小于 0.25，用于锅炉用水会产生较软沉淀物；68%取样点地下水介于 0.25~0.5 之间，会产生中等沉淀物；有 15%取样点地下水硬垢系数大于 0.5，会产生硬沉淀物。2006 年研究区有 10%取样点地下水硬垢系数小于 0.25，35%取样点地下水介于 0.25~0.5 之间，有 55%取样点地下水硬垢系数大于 0.5，用于锅炉用水会产生硬沉淀物。2016 年和 2021 年研究区地下水取样点硬垢系数基本上大于 0.5，用于锅炉用水会产生硬沉淀物。因此，1996 年、2006 年、2016 年和 2021 年地下水用于锅炉用水会产生较软沉淀物和中等沉淀物的占比逐渐减小，其易于洗刷清除；用于锅炉用水产生硬沉淀物的水占比逐渐增加，不易清除，使用时需定期更换用水。

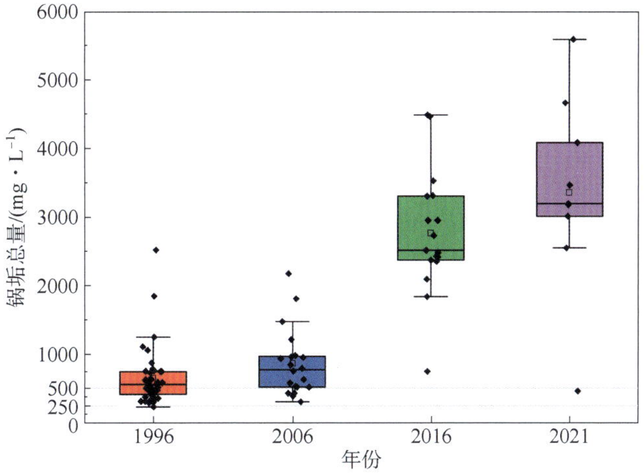


图 5.6　典型年地下水锅垢总量箱线图

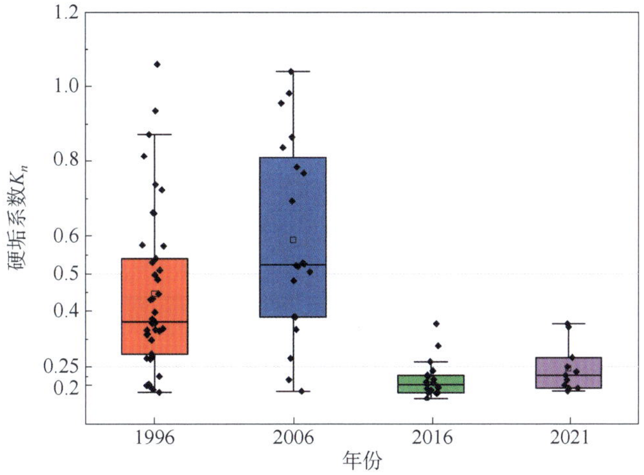


图 5.7　典型年地下水硬垢系数箱线图

#### 5.4.1.2　起泡作用

起泡系数可以判断锅炉用水的起泡程度，如图 5.8 所示，1996 年研究区有 41%地下水取样点硬垢系数介于 60~200 之间，属于半起泡的水，59%地下水取样点大于 200，直接用作锅炉用水时，会产生大量起泡。2006 年、2016 年和 2021 年研究区分别有 20%、21%和 9%地下水取样点硬垢系数介于 60~200 之间。因此，1996 年、2006 年、2016 年和 2021 年中硬垢系数大于 200 的地下水取样点呈现增加趋势，表明研究区大部分地区地下水直接用作锅炉用水时会产生大量起泡，影响锅炉正常运行。

当腐蚀系数均大于 0，表明具有腐蚀性，不适合直接作为锅炉用水，如图 5.9 所示。1996—2021 年地下水中腐蚀系数呈现逐年增加趋势，1996 年研究区有 32%地下水取样点腐蚀系数大于 0，具有腐蚀性；2006 年、2016 年和 2021 年研究区分别有 65%、100%和 100%地下水取样点腐蚀系数大于 0，表明灌区地下水不适合直接作为锅炉用水。

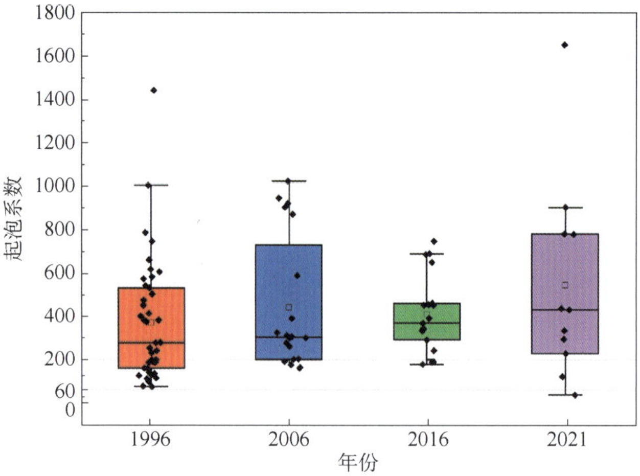


图 5.8　典型年起泡系数箱线图

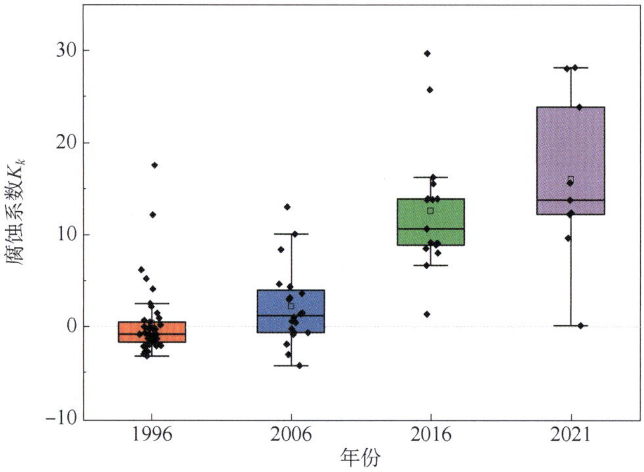


图 5.9　典型年腐蚀系数箱线图

综上所示，研究区大部分地区地下水直接用于锅炉用水会产生很多锅垢，其中用于锅炉用水会产生硬沉淀物的水占比逐年增加，不易清除，同时会产生大量起泡，影响锅炉正常运行，灌区地下水还具有一定的腐蚀性，因此，灌区地下水不适宜直接用于工业锅炉用水。

## 5.4.2　工业用水水质演变过程

以锅垢总量和起泡系数为指标，分析研究区不同区域地下水用于工业用水的适宜性演变过程。选取灌区内亢村、中召和夏庄为典型观测井，分别代表渠首、西北部和中部地区。根据典型观测井 1996—2013 年地下水化学观测数据，绘制各个典型观测井的锅垢总量和起泡系数年际变化曲线，如图 5.10 所示。

1）亢村位于渠首地区，1996—2013 年大部分年份地下水在不适宜作为工业用水变化范围内。除 2001 年、2003 年和 2011 年锅垢总量小于 500mg/L 外，其他年份锅垢总量大于 500mg/L，表明亢村地区地下水用于锅炉用水会产生锅垢；除 2001 年、2003 年和 2011 年起泡系数小于 200mg/L 外，其他年份起泡系数大于 200mg/L，表明亢村地区地下水用于锅炉用水会产生大量气泡。1996—2013 年起泡系数呈现增加趋势，2016 年和 2021 年渠首地区起泡系数大于 200mg/L，表明亢村代表的渠首地区不适宜直接用于工业锅炉用水。

2）中召位于灌区西北地区，1996—2013 年地下水在不适宜作为工业用水变化范围内。1996—2013 年地下水锅垢总量远远大于 500mg/L，起泡系数均大于 200mg/L，以上表明中召取样点地下水用于锅炉用水会产生大量锅垢和气泡。2021 年中召地下水锅垢总量和起泡系数分别为 1838mg/L 和 367mg/L，表明中召取样点地下水仍不适宜用于工业锅炉用水。

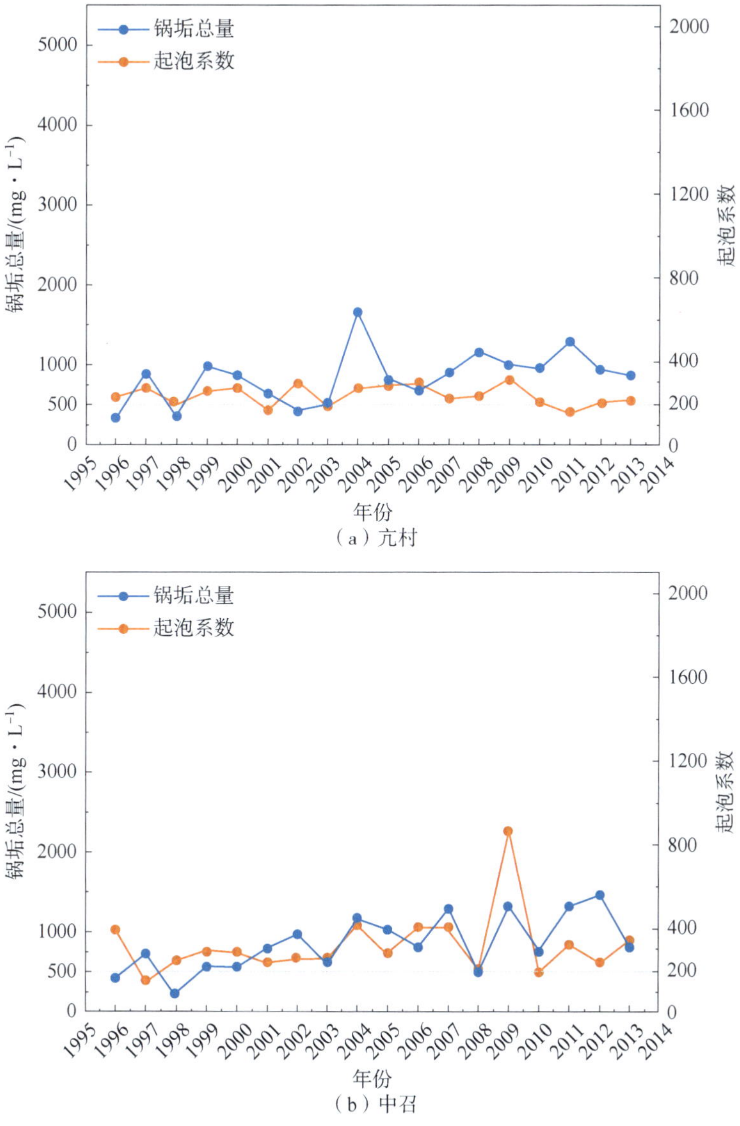


图 5.10　1996—2013 年典型观测井锅垢总量和起泡系数年际变化过程

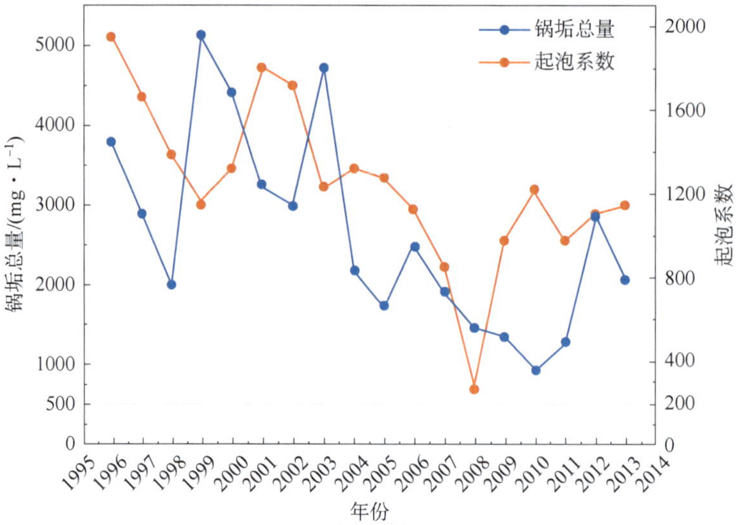


（c）夏庄

图 5.10　1996—2013 年典型观测井锅垢总量和起泡系数年际变化过程（续）

3）夏庄位于灌区中部地区，1996—2013 年大部分年份地下水在不适宜作为工业用水变化范围内。除 1997 年和 2011 年锅垢总量小于 500mg/L 外，其他年份锅垢总量大于 500mg/L，除 1998 年和 2008 年起泡系数小于 200mg/L 外，其他年份起泡系数大于 200mg/L。1996—2013 年起泡系数呈现增加趋势，2016 年和 2021 年渠首地区起泡系数大于 200mg/L，表明夏庄代表的渠首地区不适宜直接用于工业锅炉用水。

综上所述，渠首地区和中部地区锅垢系数和起泡系数均呈现增加趋势，1996—2013 年大部分取样点不适宜作为工业用水，2016 年和 2021 年锅垢系数和起泡系数均表明渠首地区和中部地区不适宜作为工业用水。西北地区地下水锅垢系数和起泡系数均过高，亦不适宜作为工业用水。

## 5.5　小结

1）灌区地下水作为生活饮用水，其水质指标超标严重的取样点大多数位于西北地区，渠首地区和东北地区超标个数较少，但超标个数整体呈现增加趋势。地下水中硬度和总溶解固体超标率最严重，其次是硫酸盐、硝酸盐和化学需氧量。

2）渠首地区和中部地区地下水 SAR 值和 EC 值均呈现增加趋势，1996—2013 年地下水均适宜作为农业灌溉用水，2016 年和 2021 年渠首地区地下水适宜作为农业灌溉用水，但中部地区地下水朝着不适宜灌溉的方向发展。西北地区地下水电导率过高，不适宜作为灌溉用水。

3）渠首地区和中部地区锅垢系数和起泡系数均呈现增加趋势，1996—2013 年大部分取样点不适宜作为工业用水，2016 年和 2021 年锅垢系数和起泡系数均表明渠首地区和中部地区不适宜作为工业用水。西北地区地下水锅垢系数和起泡系数均过高，亦不适宜作为工业用水。

# 第6章　灌区地下水水化学演变影响因素

地下水在自然系统的循环过程中，与其接触的岩石圈、生物圈和大气圈进行着极其复杂的物质、能量和信息交换，其演化过程受地质条件、水文地质条件、补给来源、地球化学、含水层岩性、气候和人类活动等多重因素的影响。人民胜利渠灌区为黄河中下游大型自流灌区，地下水水化学不仅受地球化学风化作用控制，还受到大气降水、引黄灌溉以及水动力场等自然及人类活动因素影响，分析地下水补给和排泄因素对水化学环境的影响对地下水可持续开发利用具有重要意义。

## 6.1　研究方法

稳定同位素技术是指示地质体物质来源和地质体经历过的地球化学过程的重要手段，随着稳定同位素示踪技术的逐渐成熟，目前常见的计算同位素来源的方法与模型有直接对比法、线性混合模型和贝叶斯混合模型，本书使用贝叶斯 MixSIAR 混合同位素模型计算各同位素（$\delta^2H-H_2O$ 和 $\delta^{18}O-H_2O$、$\delta^{34}S-SO_4$ 和 $\delta^{18}O-SO_4$）来源的贡献率（Li et al.，2018）。其原理如式（6.1）：

$$
\begin{aligned}
X_{ij} &= \sum_{k=1}^{n} P_k(S_{jk} + C_{jk}) + \varepsilon_{ij} \\
S_{jk} &\sim N(\mu_{jk},\ \omega_{jk}^2) \\
C_{jk} &\sim N(\lambda_{jk},\ \tau_{jk}^2) \\
\varepsilon_{ij} &\sim N(0,\ \sigma_j^2)
\end{aligned}
\tag{6.1}
$$

式中：$X_{ij}$为第 $i$ 个混合物水样中第 $j$ 个同位素值（$i$，$j$ = 1，2，3，……，$n$）；$k$ 为潜在同位素来源；$S_{jk}$为第 $k$ 个端元的第 $j$ 个同位素值；$\mu_{jk}$和 $\omega_{jk}$为 $S_{jk}$均值和标准差；$P_k$为各个来源贡献比，是需要模型计算的；$C_{jk}$为第 $k$ 个端元在 $j$ 同位素上的分馏因子；$\lambda_{jk}$为分馏因子的均值；$\tau_{jk}$为标准偏差；$\varepsilon_{ij}$为剩余误差，代表不同单个混合物间未能确定的变量，其均值为 0，标准偏差为 $\sigma_j$。模型中计算了残差，减少了各水源同位素的不确定性，所以基于 MixSIAR 模型的计算是目前一种较为合理的水分来源解析方法。

模型的输入数据包括黄河水、大气降水（潜在水源数据）、地下水数据（混合物数据）和分馏（TDF）数据。将所测得地下水的 $\delta^{18}O$ 和 $\delta D$ 的值输入，TDF 数据设置为 0（默认不发生同位素分馏），马尔卡夫链蒙特卡罗（MCMC）运行步长设置为“normal”，模型误差设定为“Residual Only”，模型运行结果通过 Gelman 和 Geweke 两种方法判断其是否收敛，模型不收敛则增加 MCMC 运算时长为“long”或“very long”，最后模型输出结果取平均值（袁银，2022）。

## 6.2 水文地球化学过程

Gibbs 图可以识别自然水体中的水化学离子组成与变化趋势，判断水化学形成受大气降水、岩石风化或蒸发浓缩作用控制的程度（Mukherjee et al.，2008；Heleika et al.，2021；Khanoranga et al.，2019）。选取 1987 年、1990 年、1996 年、2001 年、2006 年、2013 年、2016 年及 2022 年地下水水化学数据进行分析。各年地下水样本主要分布在岩石风化范围内（图 6.1），说明岩石风化作用是控制地下水水化学的主要因素，高矿化度区地下水 TDS 含量高，阴（阳）离子均向右上方偏移，靠近蒸发浓缩作用，表明蒸发浓缩对其盐分的积累有一定影响。

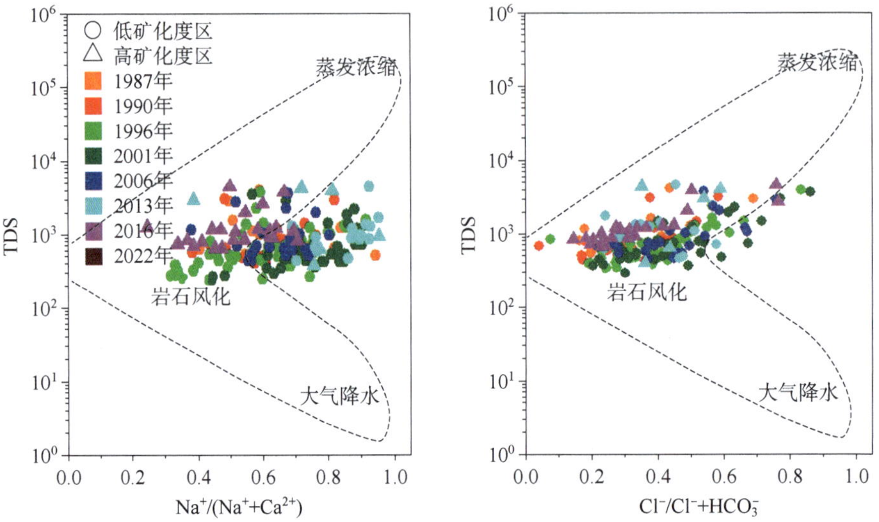


图 6.1 地下水 Gibbs 图

根据 $Mg^{2+}/Na^+$、$HCO_3^-/Na^+$和 $Ca^{2+}/Na^+$浓度比值可以进一步探究地下水水化学演化过程受岩石风化的影响，风化物源一般包括碳酸盐岩、硅酸盐岩与蒸发岩（常晓敏等，2018；程中华等，2021；郝爱兵等，2010）。研究区大部分地下水样点位于硅酸盐岩风化端元，见图 6.2（a），说明地下水化学组分主要受硅酸盐岩风化控制。在图 6.2（b）中高矿化度区地下水更靠近于蒸发岩风化端元，说明高矿化度区地下水受到硅酸盐岩和蒸发岩溶解的影响。

$Na^+$与 $Cl^-$的比值可以反映岩石风化的类型，一般来说，如果地下水中 $Cl^-/Na^+$的比值为 1∶1，则地下水中 $Na^+$主要是由于岩盐溶解（彭红霞等，2021）；（式 6.2，式 6.3）。研究区大部分地下水样本位于 $Cl^-/Na^+$比值下方，见图 6.3（a），表示硅酸盐的溶解或者阳离子交换作用是 $Na^+$主要来源。地下水中 $SO_4^{2-}/Ca^{2+}$比例图显示，如图 6.3（b），低矿化度区地下水位于 1∶1 左右，表明石膏是其地下水中 $Ca^{2+}$和 $SO_4^{2-}$ 主要来源之一（林聪业等，2021；式 6.4）；高矿化度区地下水位于 1∶1 上方，表明存在其他反应导致 $SO_4^{2-}$ 过量或 $Ca^{2+}$的缺失。$SO_4^{2-}$/（$Ca^{2+}+Na^+-Cl^-$）的关系显示，如图 6.3（c），高矿化度区地下水分布在石膏和芒硝溶解线周围（式 6.5），表明石膏和芒硝的溶解是地下水 $SO_4^{2-}$ 的主要来

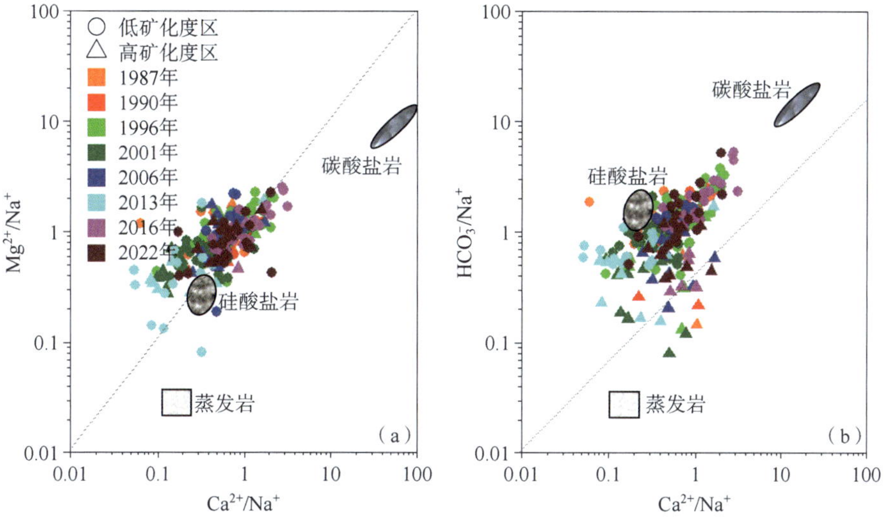


图 6.2　岩石风化溶解相对贡献

源之一（王攀等，2020）；高矿化度区地下水分布在石膏-芒硝溶解线左侧，说明地下水在酸碱平衡和沉淀溶解平衡中都存在同离子效应，使方解石溶解达到过饱和状态，说明石膏的溶解通过同离子效应促进了方解石发生沉淀，从而导致 $SO_4^{2-}$ 不成比例的增加（式 6.6，式 6.7）。$HCO_3^-$/（$Ca^{2+}$+$Mg^{2+}$）比值显示，如图 6.3（d），低矿化度区地下水主要位于 1∶1 线左右，表明碳酸盐岩溶解是 $Ca^{2+}$ 和 $Mg^{2+}$ 的主要来源（王文祥等，2021）；高矿化度区地下水位于 1∶1 下方，过量的 $Ca^{2+}$ 和 $Mg^{2+}$ 可能来源于石膏或者阳离子交换作用。阳离子交换是影响地下水水化学演变的一个非常重要的地球化学过程。地下水与岩石之间的正向离子或反向离子交换过程可以通过氯碱指数（CAI-I 和 CAI-II）来确定（程中华等，2021），负 CAI 值表明 $Na^+$ 从岩石释放到地下水中，同时 $Ca^{2+}$ 或 $Mg^{2+}$ 附着在含水层矿物的交换点，即正向阳离子交换过程（式 6.8）；相反，正 CAI 值表示发生了反向阳离子交换（式 6.9）。大多数地下水样本的 CAI 值都低于 0，见图 6.3（e）和式 6.10、式 6.11），表明正向阳离子交换优于反向阳离子交换。($Ca^{2+}$+$Mg^{2+}$-$SO_4^{2-}$-$HCO_3^-$)/($Na^+$+$K^+$-$Cl^-$）也可以反应阳离子交换过程（黄金瓯等，2021），如图 6.3（f）示，几乎所有的地下水样品都呈线性关系，其斜率接近于-1，这表明，地下水中主要阳离子变化与离子交换有着至关重要的联系。

$$NaCl \longrightarrow Na^+ + Cl^- \tag{6.2}$$

$$KCl \longrightarrow K^+ + Cl^- \tag{6.3}$$

$$CaSO_4 \cdot 2\,H_2O \longleftrightarrow Ca^{2+} + SO_4^{2-} + 2\,H_2O \tag{6.4}$$

$$Ca^{2+} + HCO_3^- + CaSO_4 \cdot 2H_2O \longrightarrow Ca^{2+} + SO_4^{2-} + CaCO_3\downarrow + H^+ + 2\,H_2O \tag{6.5}$$

$$CaCO_3 + CO_2 + H_2O \longleftrightarrow Ca^{2+} + 2HCO_3^- \tag{6.6}$$

$$CaMg(CO_3)_2 + 2\,CO_2 + 2H_2O \longleftrightarrow Ca^{2+} + Mg^{2+} + 4HCO_3^- \tag{6.7}$$

$$2NaX + Ca^{2+} \longrightarrow CaX + 2Na^+ \tag{6.8}$$

$$CaX_2 + 2Na^+ \longrightarrow 2NaX + Ca^{2+} \tag{6.9}$$

$$CAI\text{-}Ⅰ=\frac{Cl^- - (Na^+ + K^+)}{Cl^-} \tag{6.10}$$

$$CAI\text{-}Ⅱ=\frac{Cl^- - (Na^+ + K^+)}{HCO_3^- + SO_4^{2-} + CO_3^{2-} + NO_3^-} \tag{6.11}$$

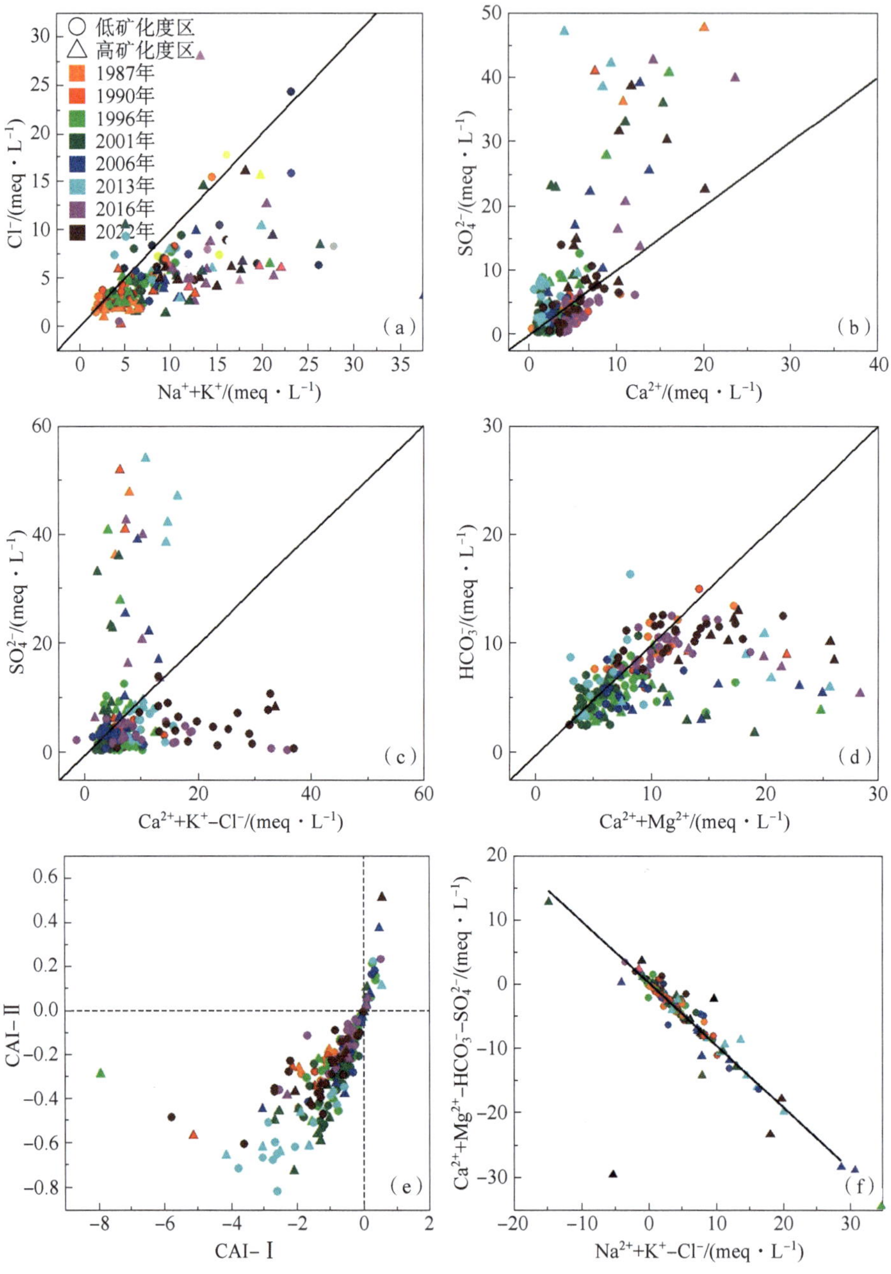


图 6.3　离子比例系数图

饱和指数（SI）的变化可以用来确定水化学演化的不同阶段，并确定在地下水中发生的主要地球化学过程（邹嘉文等，2022）。研究区地下水方解石与白云石饱和指数图显示，见图 6.4（a），（b），1987 年、1990 年、2016 年和 2022 年地下水基本上处于饱和状态；1996—2006 年地下水 SI 指数大部分小于 0，表示白云石和方解石还在继续溶解；高矿化度区地下水 SI 指数与 TDS 无明显相关性，表明主要的碳酸盐矿物可能是在过去沉淀的。研究区地下水样本中石膏和盐岩的饱和指数均小于 0，见图 6.4（c），（d），未达到饱和，说明这些矿物的溶解反应是含水层系统中重要的地球化学过程，石膏和盐岩的饱和指数均随地下水总溶解性固体增加而增大，两者呈较好的正相关关系，说明随地下水在含水层中径流时间和径流路径的增加，含水层中蒸发盐矿物不断溶解，地下水中总溶解性固体随之增加。

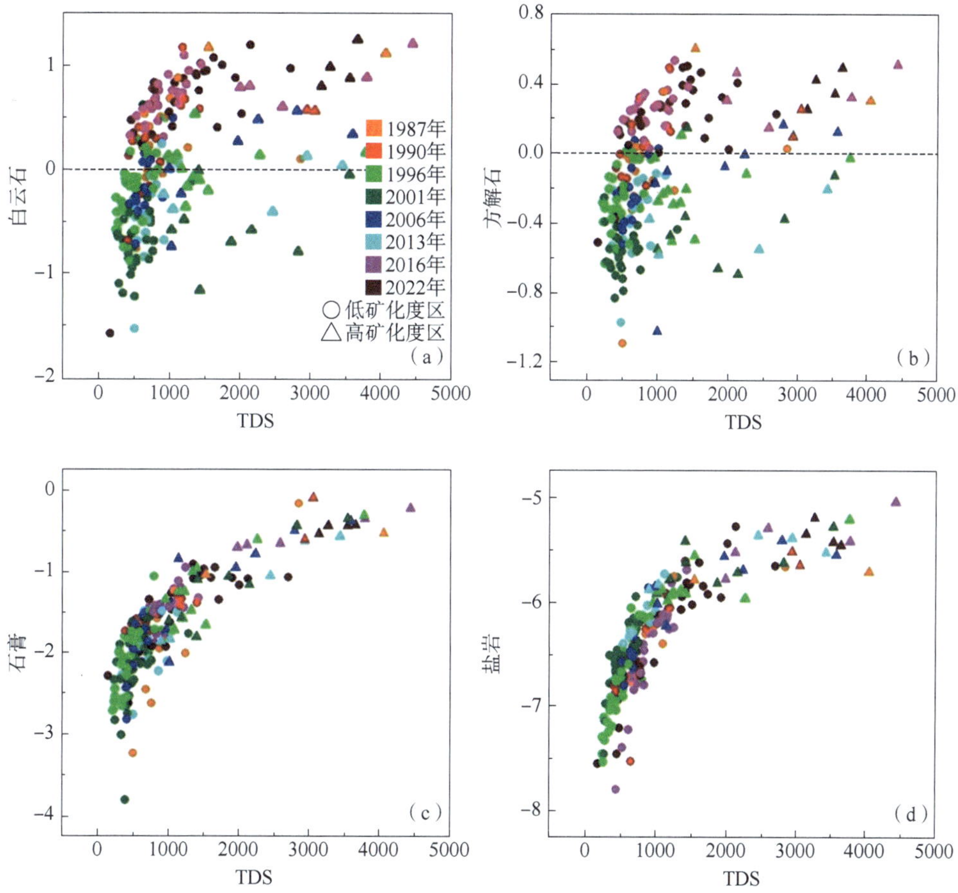


图 6.4　地下水矿物饱和指数图

## 6.3　大气降水对地下水水化学的影响

### 6.3.1　低矿化度区

在低矿化度区，降水补给对地下水化学组分变化影响明显（图 6.5）。丰水期 $Na^{+}$+$K^{+}$、$Cl^{-}$和 $HCO_3^{-}$ 浓度及 TDS 均比枯水期低。亢村取样点丰水期的 $Na^{+}$+$K^{+}$、$SO_4^{2-}$、$HCO_3^{-}$

和 TDS 平均浓度分别为 96.33mg/L、111.87mg/L、220.19mg/L 和482.64mg/L，而枯水期分别为 119.8mg/L、147.2mg/L、228.15mg/L 和 535.65mg/L，丰水期的离子浓度明显比枯水期低。沙窝营取样点丰水期的 $Na^{+}+K^{+}$、$Cl^{-}$ 和 $HCO_3^{-}$ 平均浓度和 TDS 分别为 101.96mg/L、59.15mg/L、314.51mg/L 和 423.20mg/L，而枯水期分别为 118.24mg/L、66.97mg/L、409.57mg/L 和 506.71mg/L，丰水期的离子浓度明显比枯水期低。此外低矿化度区丰、枯水期土壤中易溶盐含量相差较小，如表 6.1 所示，表明降水对土壤盐分的淋溶作用较小。因此，在低矿化度区降水通过补给使地下水中离子浓度减小是影响地下水化学组分的主要作用。

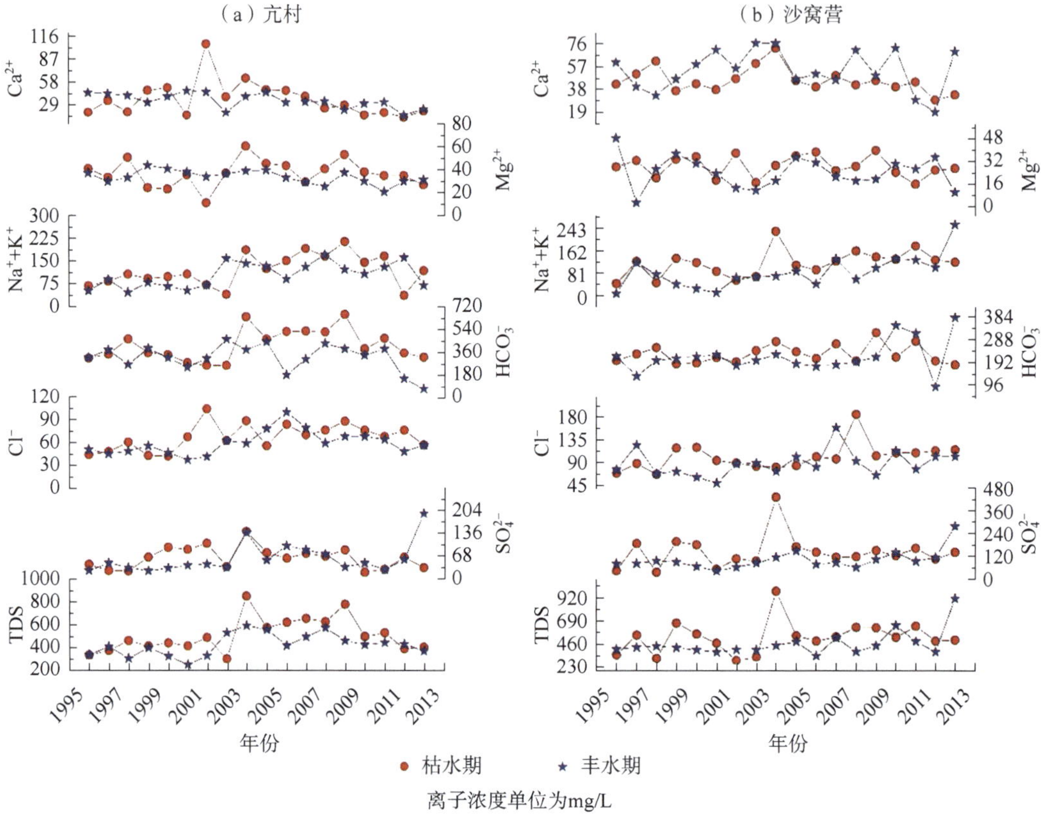


图 6.5　低矿化度区丰、枯水期地下水各离子浓度对比图

**表 6.1　低矿化度区地下水取样点土壤平均离子浓度**

| 变量 | $HCO_3^-$ | $Cl^-$ | $SO_4^{2-}$ | $Ca^{2+}$ | $Mg^{2+}$ | $Na^++K^+$ | 电导率/(μS·cm$^{-1}$) |
|---|---|---|---|---|---|---|---|
| 枯水期土壤离子平均浓度 | 52.04 | 5.36 | 12.51 | 14.00 | 3.43 | 6.31 | 317.43 |
| 丰水期土壤离子平均浓度 | 51.00 | 5.67 | 13.05 | 21.31 | 3.20 | 4.90 | 315.13 |
| 差值 | 1.04 | -0.30 | **-0.54** | -7.31 | 0.22 | **1.42** | **2.30** |

注：离子浓度单位为 mg/L。

## 6.3.2 高矿化度区

在高矿化度区，除 $HCO_3^-$ 离子丰、枯水期的变化特征与低矿化度区一致外，其他离子变化特征与低矿化度区明显不同（图 6.6）。丰、枯水期地下水各离子浓度较接近，但丰水期 $Na^+$+$K^+$、$SO_4^{2-}$ 和 TDS 浓度略高于枯水期。李唐马取样点丰水期的 $Na^+$+$K^+$、$SO_4^{2-}$ 和 TDS 平均浓度分别为 389.11mg/L、1124.97mg/L 和 2257.88mg/L，枯水期分别为 362.1mg/L、1109.0mg/L 和 2225.42mg/L。孝合取样点丰水期的 $Na^+$+$K^+$、$SO_4^{2-}$ 和 TDS 平均浓度分别为 389.11mg/L、1124.97mg/L 和 2257.88mg/L，枯水期分别为 362.1mg/L、1109.0mg/L 和 2225.42mg/L，表明降水补给不是引起地下水化学组分变化的主要原因。高矿化度区丰、枯水期土壤平均离子浓度变化情况如表 6.2 所示。一方面高矿化度区土壤平均离子浓度比低矿化度区明显偏高，另一方面高矿化度区枯水期土壤平均离子浓度均比丰水期高。表明在高矿化度区，丰水期土壤易溶盐随降水淋溶至含水层中，使土壤中易溶盐含量明显减小，地下水中溶质组分浓度增大，因此土壤易溶盐随降水淋溶至含水层中是影响高矿化度区地下水化学组分的主要作用。

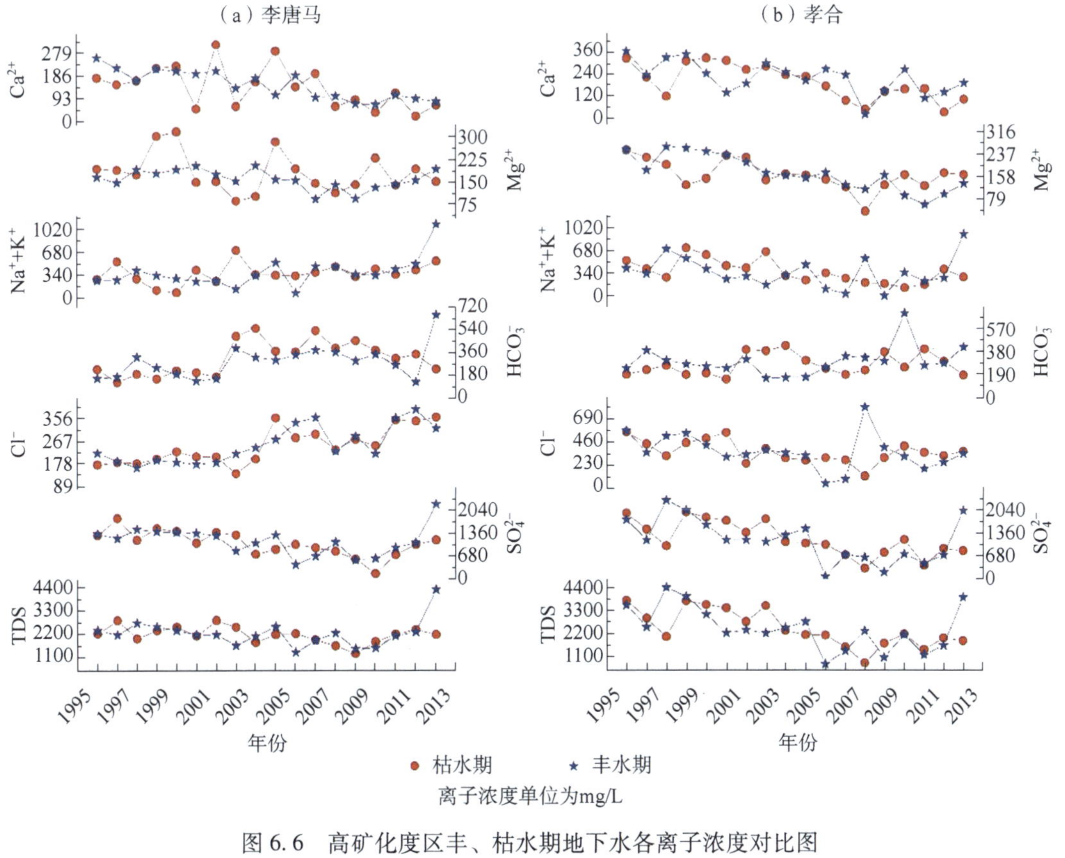


图 6.6 高矿化度区丰、枯水期地下水各离子浓度对比图

表 6.2　高矿化度区地下水取样点土壤平均离子浓度

| 变量 | $HCO_3^-$ | $Cl^-$ | $SO_4^{2-}$ | $Ca^{2+}$ | $Mg^{2+}$ | $Na^++K^+$ | 电导率/($\mu S\cdot cm^{-1}$) |
|---|---|---|---|---|---|---|---|
| 枯水期土壤离子平均浓度 | 46.46 | 16.30 | 122.21 | 23.07 | 8.54 | 42.26 | 940.63 |
| 丰水期土壤离子平均浓度 | 61.83 | 13.22 | 92 | 26.91 | 9.54 | 29.07 | 825.50 |
| 差值 | -15.37 | 3.09 | **30.22** | -3.85 | -1.00 | **13.19** | **115.13** |

注：离子浓度单位为 mg/L。

综上所述，低矿化度区土壤易溶盐含量低，降水对土壤盐分淋溶作用较小，降水入渗补给会淡化地下水中的化学组分，使低矿化度区丰水期的地下水离子浓度比枯水期低。高矿化度区土壤易溶盐含量高，降水对土壤盐分淋溶作用较大，使高矿化度区地下水丰水期的离子浓度比枯水期高。

## 6.4　引黄灌溉对地下水水化学的影响

1952 年 4 月至今，人民胜利渠灌区总计引黄河水 $390\times10^8m^3$，设计灌溉面积 $1228.67km^2$，有效灌溉面积 $922km^2$（刘中培等，2022）。1987—2014 年灌区共引黄河水量为 $97.76\times10^8m^3$（图 6.7），2003 年由于引水闸口高程限制等因素，引黄河水量减小，1987—2001 年引黄河水量均值为 $4.27\times10^8m^3$，2002—2014 年引黄河水量均值为 $2.59\times10^8m^3$。

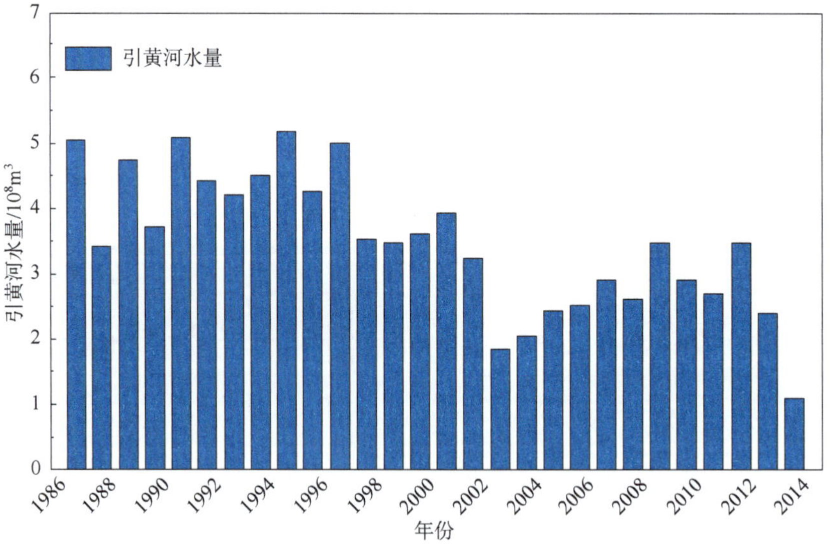


图 6.7　1987—2014 年引黄河水量图

## 6.4.1 低矿化度区

在低矿化度区，将1987—2013年黄河水与低矿化度区7个地下水取样点水化学离子浓度变化过程绘制如图6.8所示，1992—2001年低矿化度区地下水各离子浓度比1987—1991年低，呈现减小趋势，并且与黄河水各离子浓度接近，尤其是$HCO_3^-$和$Mg^{2+}$。$HCO_3^-$浓度范围从1987—1990年的450~1000mg/L下降到1996—2001年的150~350mg/L，黄河水中$HCO_3^-$平均浓度为221mg/L（表6.3）；$Mg^{2+}$由1987—1990年的40~80mg/L下降到1996—2001年的20~35mg/L，黄河水中$HCO_3^-$平均浓度为28mg/L，$Na^+$+$K^+$、$SO_4^{2-}$和$Cl^-$也具有相同趋势，地下水$Ca^{2+}$与黄河水$Ca^{2+}$浓度存在一定偏差，可能与灌区阳离子交换反应强烈有关，这些变化表明1987—2001年引黄灌溉是地下水水化学演变的主要控制因素。而2003—2013年地下水各离子浓度比1996—2013年高，由本书4.4节可知地下水各离子浓度在2001—2022年总体呈现增加趋势，且逐渐偏离黄河水离子浓度，引黄河水量在2003年锐减，表明黄河水对地下水水化学演变作用逐渐减小。

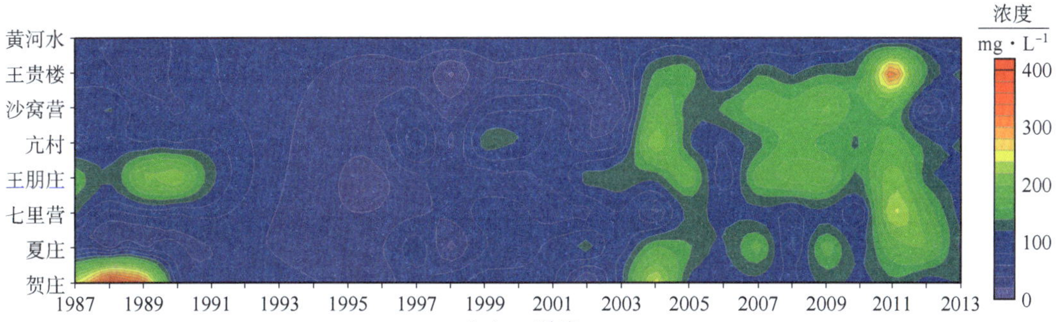

（a）$Na^+$浓度

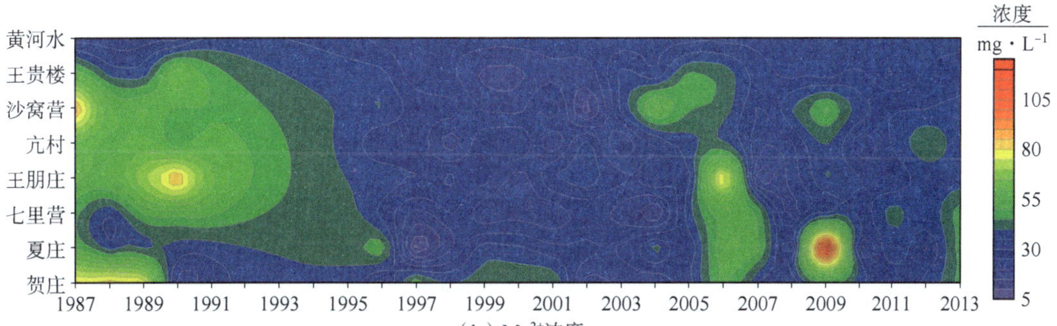

（b）$Mg^{2+}$浓度

图6.8 低矿化度区地下水各离子浓度对比图

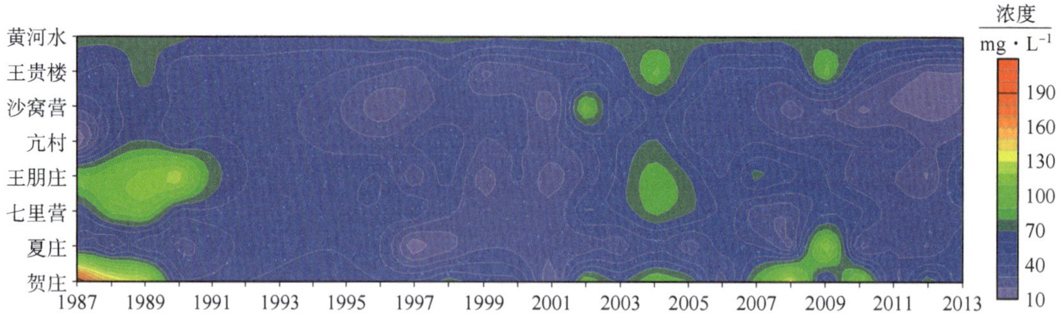


（c）$Ca^{2+}$浓度

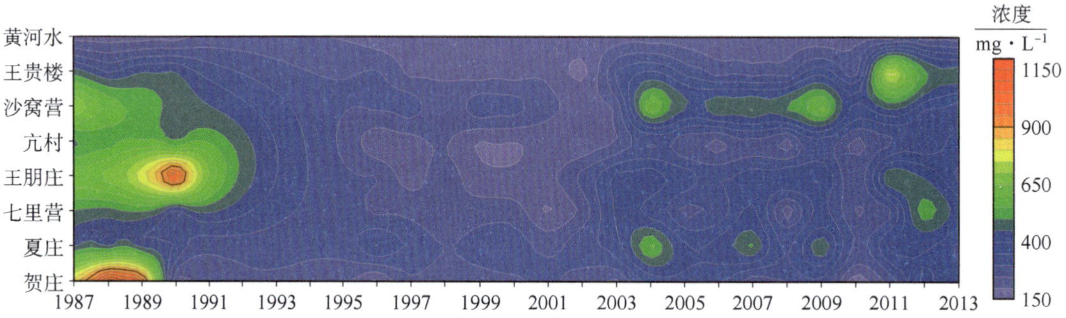


（d）$HCO_3^-$浓度

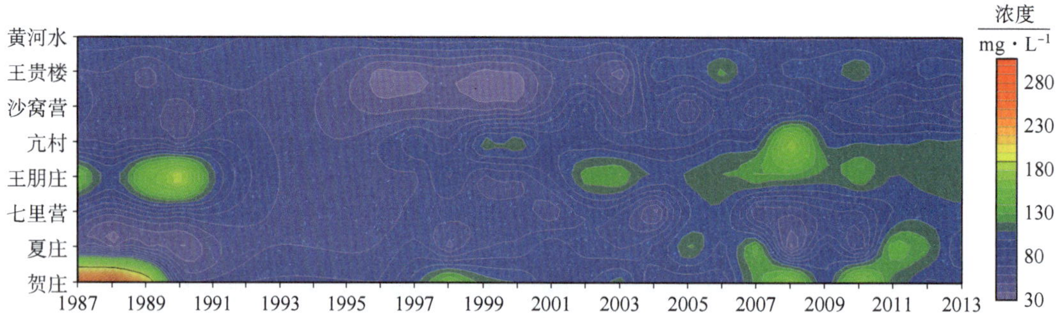


（e）$Cl^-$浓度

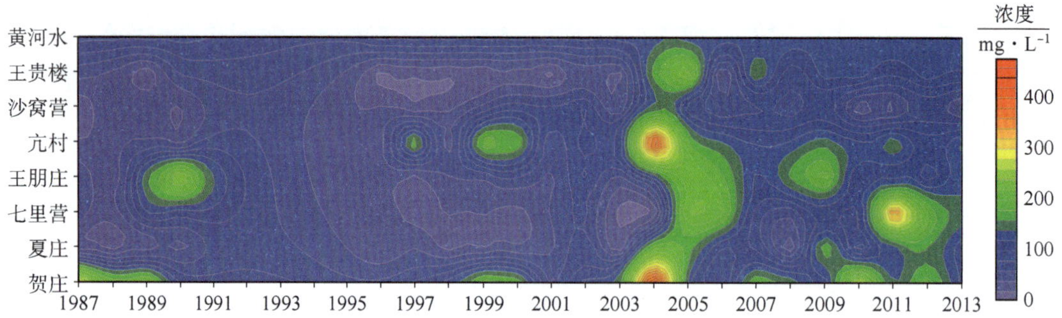


（f）$SO_4^{2-}$浓度

图 6.8　低矿化度区地下水各离子浓度对比图（续）

表 6.3 黄河水离子浓度和低矿化度区地下水取样点离子浓度对比 单位：mg/L

| 类别 | 年份 | $HCO_3^-$ | $Cl^-$ | $SO_4^{2-}$ | $Ca^{2+}$ | $Mg^{2+}$ | $Na^++K^+$ | TDS |
|---|---|---|---|---|---|---|---|---|
| 黄河水 | 2001—2021 | 221.33 | 87.94 | 128.07 | 74.02 | 27.81 | 80.61 | 521.85 |
| 地下水 | 1989—1990 | 544.14 | 134.09 | 161.64 | 89.04 | 61.59 | 147.53 | 863.82 |
| | 1996—2001 | 319.35 | 107.75 | 106.39 | 51.87 | 43.20 | 108.25 | 553.07 |
| | 2002—2013 | 356.31 | 117.06 | 153.90 | 54.43 | 51.93 | 140.50 | 642.78 |

在渠首地区和中部地区各选一个距离渠系较远和较近的地下水取样点（图 6.9），分析距离渠系远近对渠首地区和中部地区地下水水化学演变的影响，选择亢村取样点作为渠首地区距离渠系较近代表点，沙窝营取样点作为渠首地区距离渠系较远代表点；选择七里营取样点作为中部地区距离渠系较近代表点，夏庄取样点作为中部地区距离渠系较远代表点。

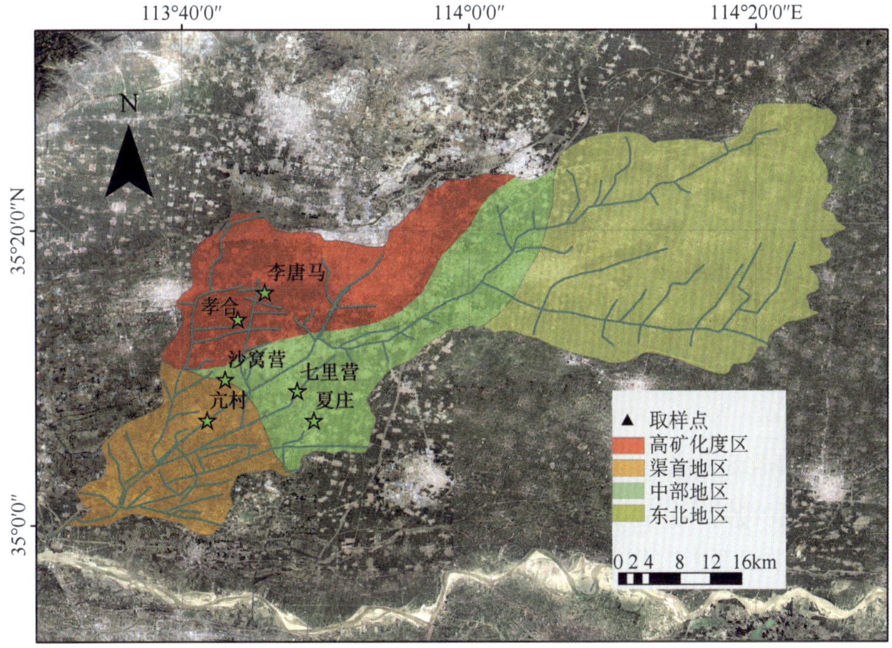


图 6.9 距离渠系远近取样点分布图

在渠首地区，1996—2001 年黄河水灌溉补给影响作用较大，2002—2013 年对距离渠系较近的取样点作用较大，对距离渠系较远取样点作用有所减小。1987—1990 年期间亢村取样点离子浓度与沙窝营取样点离子浓度接近（表 6.4），亢村取样点中 $Mg^{2+}$、$SO_4^{2-}$ 和 $HCO_3^-$ 平均浓度分别为 52.33mg/L、49.55mg/L 和 495.20mg/L，沙窝营取样点中 $Mg^{2+}$、$SO_4^{2-}$ 和 $HCO_3^-$ 平均浓度分别为 62.83mg/L、46.28mg/L 和 587.58mg/L。1996—2001 年，亢村取样点和沙窝营取样点离子浓度比 1987—1990 年有所降低，并且均向黄河水接近（图 6.8），亢村取样点中 $Mg^{2+}$、$SO_4^{2-}$ 和 $HCO_3^-$ 平均浓度分别为 28.67mg/L、120.60mg/L 和 212.33mg/L，沙窝营取样点中 $Mg^{2+}$、$SO_4^{2-}$ 和 $HCO_3^-$ 平均浓度分别为 31.48mg/L、

57.58mg/L 和 310.40mg/L，黄河水的 $Mg^{2+}$、$SO_4^{2-}$ 和 $HCO_3^-$ 平均浓度分别为 27.81mg/L、128.07mg/L 和 221.33mg/L。2002—2013 年由于引黄河水量减少，黄河水对地下水影响作用有所降低，亢村和沙窝营取样点离子浓度有所增加，亢村 2002—2013 年 $Mg^{2+}$、$SO_4^{2-}$ 和 $HCO_3^-$ 平均浓度相对于 1996—2001 年分别加了 4%、16%和 11%，但地下水各离子浓度与黄河水依旧接近，沙窝营 $Mg^{2+}$、$SO_4^{2-}$ 和 $HCO_3^-$ 平均浓度分别加了 19%、16%和 43%，沙窝营离子浓度增加幅度明显比亢村高。

**表 6.4 渠首地区距离渠系远近地下水取样点离子浓度对比**

| 区域 | 类别 | 年份 | $HCO_3^-$ | $Cl^-$ | $SO_4^{2-}$ | $Ca^{2+}$ | $Mg^{2+}$ | $Na^++K^+$ | TDS |
|---|---|---|---|---|---|---|---|---|---|
| 黄河水 | | 2001—2021 | 221.33 | 87.94 | 128.07 | 74.02 | 27.81 | 80.61 | 521.85 |
| 渠首地区 | 沙窝营 | 1987—1990 | 587.58 | 67.58 | 46.28 | 57.03 | 62.83 | 103.45 | 649.98 |
| | | 1996—2001 | 310.40 | 48.53 | 57.58 | 35.00 | 31.48 | 80.38 | 378.51 |
| | | 2002—2013 | 442.33 | 75.19 | 66.22 | 39.00 | 37.71 | 132.15 | 557.83 |
| | 亢村 | 1987—1990 | 495.20 | 63.78 | 49.55 | 45.12 | 52.33 | 93.28 | 529.15 |
| | | 1996—2001 | 212.33 | 95.15 | 120.60 | 46.00 | 28.67 | 95.75 | 494.32 |
| | | 2002—2013 | 236.06 | 108.28 | 140.43 | 46.37 | 29.38 | 131.84 | 556.31 |
| 中部地区 | 七里营 | 1987—1990 | 455.35 | 75.30 | 89.05 | 76.75 | 45.20 | 89.65 | 587.83 |
| | | 1996—2001 | 257.63 | 70.68 | 45.13 | 44.02 | 25.03 | 68.57 | 348.25 |
| | | 2002—2013 | 320.93 | 81.97 | 135.31 | 52.56 | 33.81 | 113.66 | 542.33 |
| | 夏庄 | 1987—1990 | 418.25 | 44.73 | 40.28 | 64.50 | 40.63 | 55.08 | 426.30 |
| | | 1996—2001 | 336.93 | 79.22 | 43.67 | 57.02 | 31.35 | 76.60 | 423.67 |
| | | 2002—2013 | 413.57 | 97.20 | 110.83 | 52.28 | 44.75 | 140.80 | 627.51 |

注：离子浓度单位为 mg/L。

在中部地区，1996—2001 年黄河水灌溉补给影响作用较大，2002—2013 年黄河水灌溉对地下水水化学演变影响作用有所减小。1987—1990 年期间七里营取样点 $Mg^{2+}$、$SO_4^{2-}$ 和 $HCO_3^-$ 平均浓度分别为 45.20mg/L、89.05mg/L 和 455.35mg/L，夏庄取样点中 $Mg^{2+}$、$SO_4^{2-}$ 和 $HCO_3^-$ 平均浓度分别为 40.63mg/L、40.28mg/L 和 418.25mg/L。1996—2001 年，七里营取样点和夏庄取样点离子浓度大致比 1987—1990 年有所降低，并且均向黄河水接近，七里营取样点中 $Mg^{2+}$、$SO_4^{2-}$ 和 $HCO_3^-$ 平均浓度分别为 25.03mg/L、45.13mg/L 和 257.63mg/L，夏庄取样点中 $Mg^{2+}$、$SO_4^{2-}$ 和 $HCO_3^-$ 平均浓度分别为 31.35mg/L、43.67mg/L 和 336.93mg/L。2002—2013 年由于引黄河水量减少，黄河水对地下水影响作用有所降低，七里营和夏庄取样点离子浓度增加大于渠首地区，可能受到其他因素影响，七里营 2002—2013 年 $Mg^{2+}$、$SO_4^{2-}$ 和 $HCO_3^-$ 平均浓度相对于 1996—2001 年分别加了 32%、200%和 25%，沙窝营 $Mg^{2+}$、$SO_4^{2-}$ 和 $HCO_3^-$ 平均浓度分别加了 42%、156%和 23%，尤其是 $SO_4^{2-}$ 浓度增加幅度较大。

综上所述，1996—2001 年引黄灌溉对低矿化度区地下水水化学影响作用较大，2002—2013 年引黄灌溉对地下水影响较 1996—2001 年有所减小，但是对渠首地区地下水影响大于中部地区，对渠首地区距离渠系较近的取样点作用较大，对距离渠系较远取样点作用有所减小，但引黄灌溉依旧是渠首地区地下水水化学演变的主要控制因素。2002—2013 年黄河水灌溉对中部地区地下水水化学演变影响作用有所减小，中部地区地下水离子浓度增加幅度远大于渠首地区，表明有其他因素主要控制中部地区地下水水化学演变。

### 6.4.2 高矿化度区

在高矿化度区，引黄河水量的大小对距离渠系较近的地下水取样点淡化作用至关重要。引黄河水量较大时，距离渠系较近的地下水取样点受黄河水淡化作用较大；引黄河水量较少时，黄河水对高矿化度区淡化作用明显降低。对高矿化度区距离渠道远近的多个地下水取样点分析，均满足上述规律，选择李唐马取样点作为距离渠系较近代表点，孝合取样点作为距离渠系较远代表点（图 6.9）。距离渠系较近的李唐马取样点 1996—2013 年离子浓度比孝合取样点离子浓度稍微低些，特别是 1996—2003 年引黄河水量较大时，李唐马取样点各离子浓度均比孝合取样点低（图 6.10，表 6.5），其中李唐马取样点$Na^{+}$+$K^{+}$和$Cl^{-}$浓度及 TDS 比孝合地下水取样点低 34%、56%和 23%。当引黄河水量较小时，黄河水对地下水补给量较小，黄河水不是影响高矿化度区地下水水化学的主要因素。因此，在高矿化度区，当黄河水补给量较多时，黄河水通过补给距离渠系较近的地下水取样点使其地下水离子浓度减小；当黄河水补给量较小时，黄河水补给不是影响地下水离子浓度变化的主要因素。

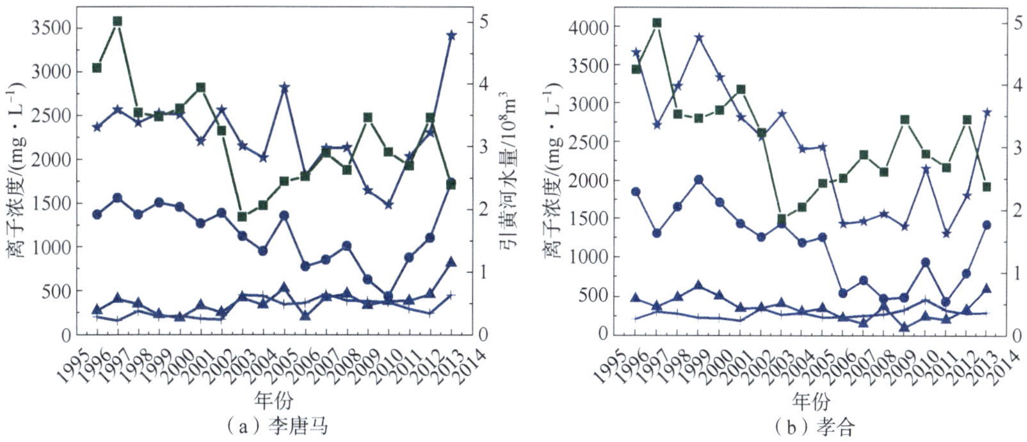


图 6.10 高矿化度区地下水各离子浓度与引黄灌溉量关系

**表 6.5 高矿化度区地下水取样点离子浓度对比** 单位：mg/L

| 类别 | 年份 | TDS | $Ca^{2+}$ | $Mg^{2+}$ | $Na^{+}+K^{+}$ | $Cl^{-}$ | $SO_4^{2-}$ | $HCO_3^{-}$ |
|---|---|---|---|---|---|---|---|---|
| G09 | 1996—2013 | 2277.50 | 142.55 | 169.37 | 371.69 | 251.19 | 1146.97 | 305.58 |
| | 1996—2003 | 2406.53 | 182.52 | 184.95 | 300.45 | 191.34 | 1371.25 | 225.27 |
| | 2004—2013 | 2174.27 | 110.58 | 156.91 | 428.68 | 299.07 | 967.55 | 369.83 |

续表

| 类别 | 年份 | TDS | $Ca^{2+}$ | $Mg^{2+}$ | $Na^{+}+K^{+}$ | $Cl^{-}$ | $SO_4^{2-}$ | $HCO_3^{-}$ |
|---|---|---|---|---|---|---|---|---|
| G13 | 1996—2013 | 2448. 22 | 202. 97 | 166. 19 | 366. 81 | 362. 74 | 1173. 71 | 284. 59 |
| | 1996—2003 | 3134. 84 | 263. 22 | 208. 88 | 456. 37 | 430. 56 | 1593. 40 | 260. 26 |
| | 2004—2013 | 1898. 93 | 154. 77 | 132. 03 | 295. 16 | 308. 49 | 837. 96 | 304. 05 |

### 6.4.3 地下水补给来源分析

使用氢氧同位素信息对灌区地下水补给来源进行示踪，从国际原子能机构的（Global Network of Isotopes in Precipitation，简称 GNIP）项目中找到郑州站大气降水氢氧同位素数据，郑州站月降水氢氧稳定同位素值变化较大（刘鑫等，2021），如图 6. 11 所示，$\delta$D 和 $\delta^{18}$O 变化范围分别为－92. 8‰～－4‰和－13. 15‰～－0. 21‰，雨量加权平均值分别为-45. 93‰和－6. 41‰。地下水中 $\delta$D 和 $\delta^{18}$O 范围为－73. 1‰～－56. 4‰和－10. 66‰～-7. 47‰，平均值分别为-62. 7‰和-8. 9‰。研究区为引黄灌区，黄河水对灌区地下水有着重要的补给作用，黄河水中 $\delta$D 和 $\delta^{18}$O 范围为-67. 19‰～-64. 16‰和-9. 46‰～-8. 91‰，平均值分别为 $\delta$D 和 $\delta^{18}$O 值分别为-9. 17‰和-65. 79‰。大部分地下水样本均处于 LMWL 下方，与黄河水氢氧同位素组成接近，表明黄河水补给和大气降水是地下水的主要补给来源。

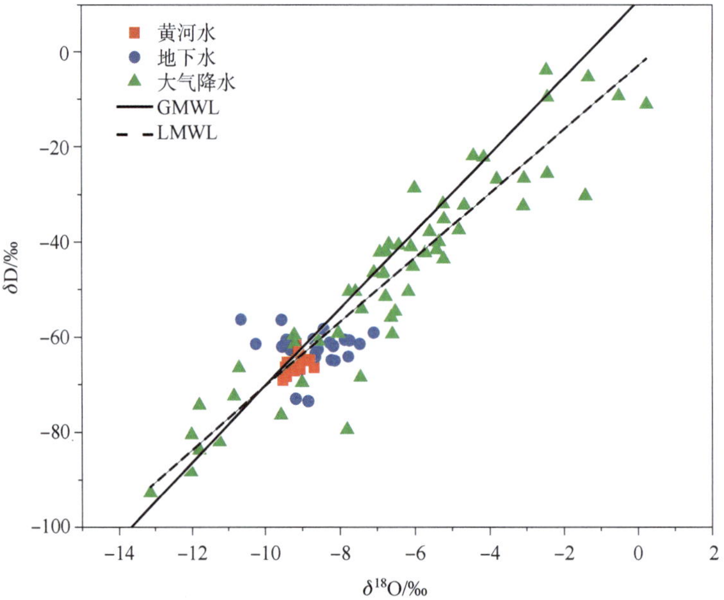


图 6. 11　降水、黄河水和地下水 $\delta$D 和 $\delta^{18}$O 关系

前人研究显示，河南平原北部浅层地下水主要补给来源为大气降水，黄河水补给也是重要的补给来源之一（Gao，2008；张瑞嘉，2020；李潇，2020）。人民胜利渠灌区为黄河中下游冲积平原的大型自流灌区，引黄灌溉对浅层地下水补给影响较大，选择大气降水和黄河水作为地下水来源的两个端元，大气降水端元 $\delta$D 和 $\delta^{18}$O 组成值为-55. 11‰和

-7.31‰，黄河水端元值分别为-65.51‰和-9.13‰。根据 MixSIAR 贝叶斯混合模型结果显示（表 6.6），黄河水对灌区浅层地下水补给贡献率较大，补给比例在 40%~87% 之间，5 月份和 11 月份黄河水补给平均贡献率分别为 64% 和 55%；降水补给贡献率略低于黄河水补给，由于 2021 年特大暴雨对浅层地下水补给较多，使得 11 月份降水补给贡献率增加。

**表 6.6 地下水补给来源混合比例计算结果**

| 取样点 | 5 月份 | | 11 月份 | |
|---|---|---|---|---|
| | 降水 | 黄河水 | 降水 | 黄河水 |
| 夏庄 | 0.369 | 0.631 | 0.4 | 0.6 |
| 张班枣 | 0.345 | 0.655 | 0.344 | 0.656 |
| 王官营 | 0.553 | 0.447 | 0.467 | 0.533 |
| 冯庄 | 0.322 | 0.678 | 0.492 | 0.508 |
| 中召 | 0.134 | 0.866 | 0.321 | 0.679 |
| 西史庄 | 0.533 | 0.467 | 0.589 | 0.411 |
| 姚庄 | 0.377 | 0.623 | 0.315 | 0.685 |
| 程遇 | 0.508 | 0.492 | 0.452 | 0.548 |
| 孙杏村 | 0.242 | 0.758 | 0.253 | 0.747 |
| 李村 | 0.238 | 0.762 | 0.527 | 0.473 |
| 府庄 | — | — | 0.451 | 0.549 |
| 前李村 | — | — | 0.738 | 0.262 |
| 平均值 | 0.3621 | 0.6379 | 0.44575 | 0.55425 |

## 6.5 埋深变化对地下水水化学的影响

在低矿化度区，地下水 $Na^{+}+K^{+}$、$SO_4^{2-}$ 和 TDS 浓度与埋深呈现较为明显的正相关关系，除个别地下水位埋深变化较大的年份外，地下水 $Na^{+}+K^{+}$、$SO_4^{2-}$ 和 TDS 浓度随着地下水埋深增大（减小）而增大（减小）。从图 6.12（a，b）可以看出，除 2000—2001 年和 2003—2004 年外，1998—2013 年贺庄、亢村地下水取样点 $Na^{+}+K^{+}$、$SO_4^{2-}$ 和 TDS 浓度与埋深变化趋势保持一致，埋深越大，离子浓度越大。2004—2013 年贺庄地下水取样点 $SO_4^{2-}$ 和 TDS 浓度与埋深的相关系数分别为 0.39 和 0.54，亢村地下水取样点 $Na^{+}+K^{+}$、$SO_4^{2-}$ 和 TDS 浓度与埋深的相关系数分别为 0.53、0.48 和 0.54。降水和引黄河水均会淡化低矿化度区地下水离子浓度，当其补给量较多时，埋深变小，离子浓度减少；补给量减少，埋深变大，离子浓度增加。

在高矿化度区，地下水离子浓度和埋深之间的关系与低矿化度区明显不同，除个别年份外大致呈负相关关系，见图 6.12（c，d）。2007—2013 年李唐马地下水取样点 $Na^{+}+K^{+}$、

$SO_4^{2-}$ 和 TDS 浓度与埋深呈明显的负相关关系，相关系数分别为-0.23、-0.87和-0.87。孝合地下水取样点除 2003 年，在其他年份 $Na^{+}+K^{+}$、$SO_4^{2-}$ 和 TDS 浓度与埋深呈现负相关关系，相关系数分别为-0.57、-0.37 和-0.43。高矿化度区引黄河水量较低矿化度区少，开采量较低矿化度区大（Jiang et al.，2009）。补给量减少，开采量增加，埋深变大，土壤中的易溶盐淋溶作用较小，离子浓度变低；补给量增加，开采量减少，埋深变小，土壤盐分淋溶作用变大，离子浓度变高。

综上所述，低矿化度区地下水离子浓度与埋深呈正相关关系，地下水补给越多，埋深越小，离子浓度越小；高矿化度区地下水离子浓度与埋深大致呈负相关关系，地下水离子浓度和埋深除受到补给因素影响外，明显受土壤盐分淋溶作用和开采量的影响。

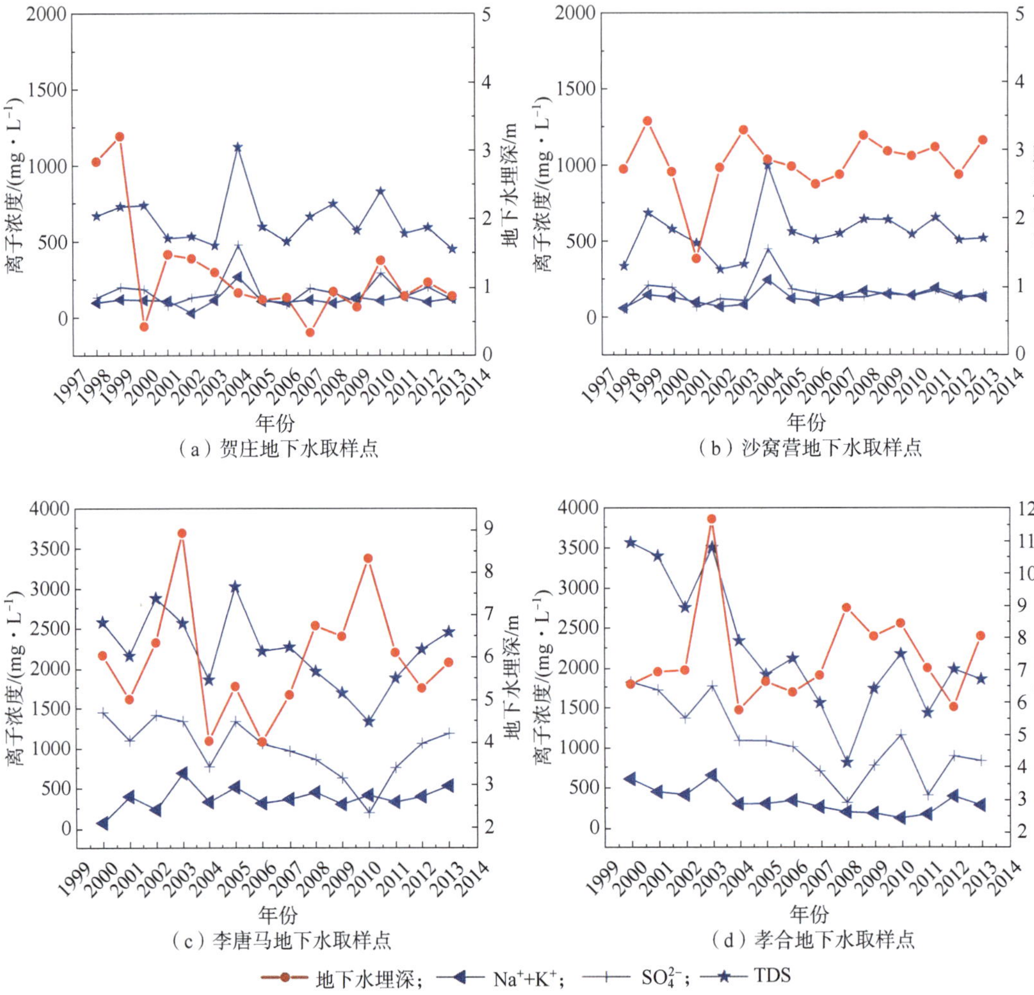


图 6.12　高、低矿化度区地下水各离子浓度与埋深年际变化关系

## 6.6　水动力场对地下水水化学的影响

灌区地下水位 1996—2022 年总体呈现降低趋势，地下水漏斗区和地下水流向也发生

了变化。地下水位变化明显的年份地下水水位情况如图 6.13 所示。1996—2001 年地下水位灌区漏斗中心在西北地区的董庄附近，见图 6.13（a，b），2001 年以夏庄为中心的地下水漏斗开始逐渐形成，但此时夏庄附近漏斗和董庄漏斗基本相对独立，未形成统一的漏斗。至 2003 年，随着地下水位的持续下降，夏庄附近漏斗和董庄漏斗连通，形成了一个面积更大的地下水降落漏斗（刘中培等，2022），见图 6.13（c）。图 6.13（d，e）表明，随着时间的推移，灌区地下水位继续下降，降落漏斗中心逐渐转移至夏庄取样点附近，渠首及中部地下水流向也随着漏斗区的变化而变化，由开始的向西北地区流动转变为向中部地区流动。2022 年，由于 2021 年特大暴雨的补给，使灌区渠首和西北地区地下水位得到恢复，其他地区地下水位持续下降，并且以夏庄为中心的漏斗区与其他地区地下水位差最大，见图 6.13（f）。

为了探究水动力场改变对地下水水化学演变特征的影响，将低矿化度区分为渠首地区、中部地区和东北地区 3 个区域，选取 2006 年、2013 年、2016 年和 2022 年作为代表年，分析 2001 年中部降落漏斗形成后不同区域离子浓度变化情况。

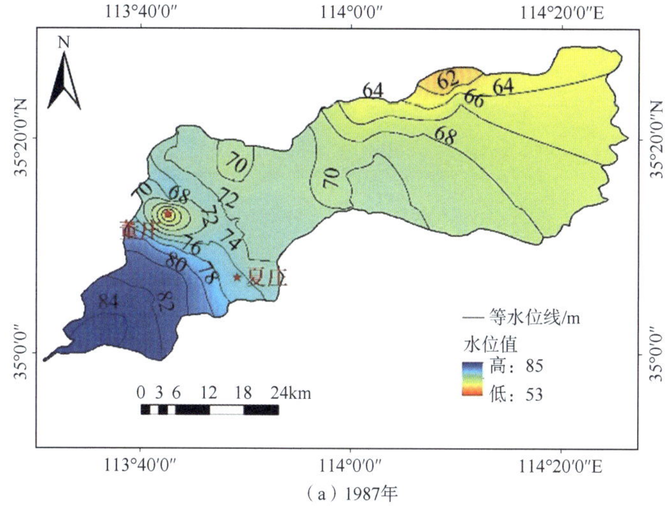


（a）1987年

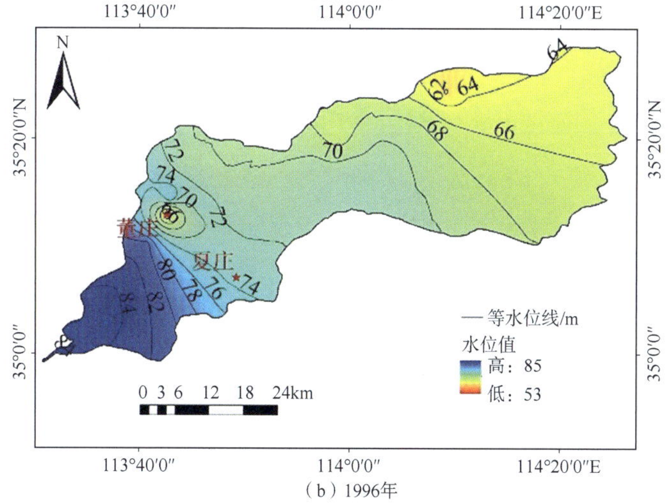


（b）1996年

图 6.13　灌区地下水位分布图

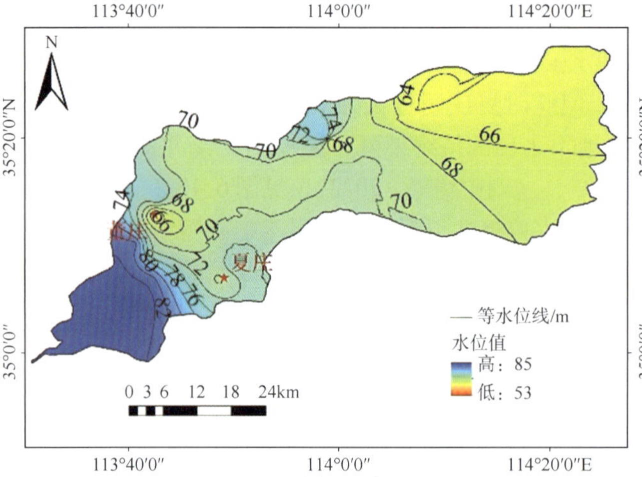

（c）2001年

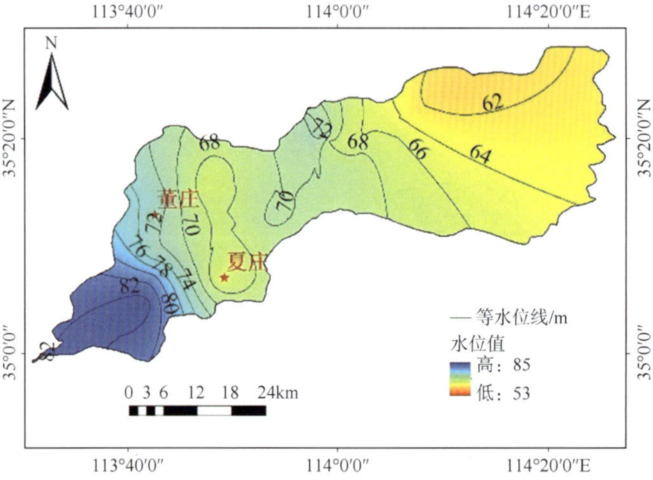

（d）2003年

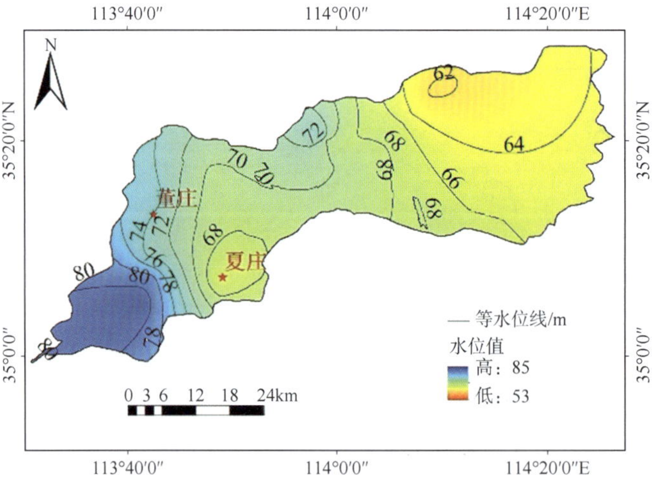

（e）2006年

图 6.13　灌区地下水位分布图（续）

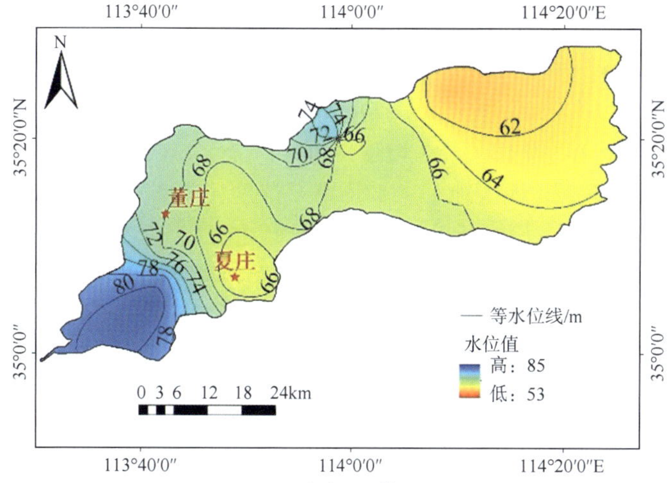

（f）2013年

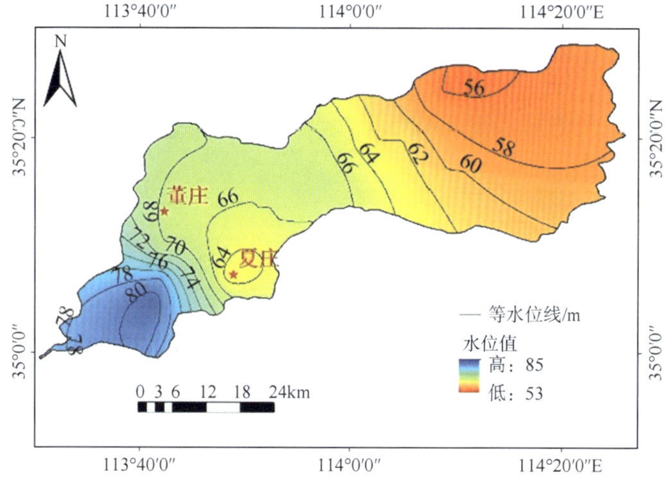

（g）2016年

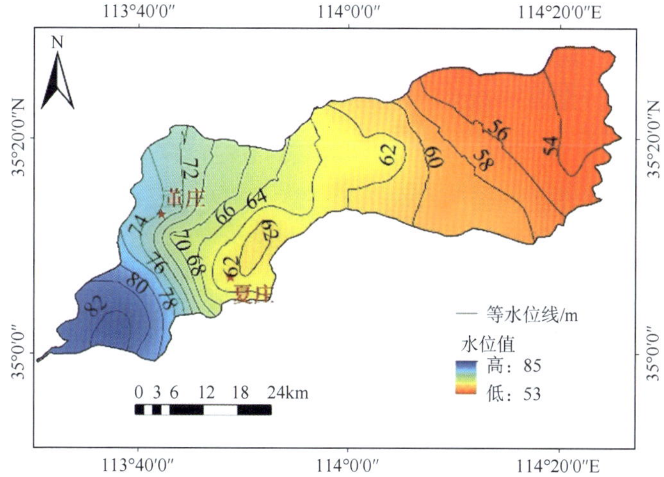

（h）2022年

图 6.13 灌区地下水位分布图（续）

2006—2022 年不同区域地下水离子浓度变化情况如图 6.14 所示，2006—2022 年中部地区地下水各离子浓度均比渠首地区高，特别是 $SO_4^{2-}$，2006 年中部地区地下水中 $Na^+$+$K^+$、$SO_4^{2-}$ 和 $HCO_3^-$ 平均浓度和 TDS 比渠首地区高 6%、66%、9%和 23%，2022 年中部地区地下水中 $Na^+$+$K^+$、$SO_4^{2-}$ 和 $HCO_3^-$ 平均浓度和 TDS 比渠首地区高 86%、154%、30%和 88%。2016 年和 2022 年东北地区地下水平均离子浓度比渠首地区和中部地区低，2022 年渠首地区地下水中 $Na^+$+$K^+$、$SO_4^{2-}$ 和 $HCO_3^-$ 平均浓度和 TDS 为 159.53mg/L、155.77mg/L、515.10mg/L 和 820.09mg/L，中部地区地下水中 $Na^+$+$K^+$、$SO_4^{2-}$ 和 $HCO_3^-$ 平均浓度和 TDS 为 296.55mg/L、395.07mg/L、667.23mg/L 和 1531.35mg/L，东北地区地下水中 $Na^+$+$K^+$、$SO_4^{2-}$ 和 $HCO_3^-$ 平均浓度和 TDS 为 142.50mg/L、108.25mg/L、661.09mg/L 和 763.25mg/L，表明东北地区地下水水化学演变主要控制因素与渠首地区和中部地区不同。渠首地区地下水主要受黄河水和降水补给影响，地下水位变化较小，中部地区地下水受到高矿化度区地下水流动影响，使沿途地下水离子浓度增加，东北地区地下水位下降较大，又位于渠系下游，黄河水补给较少，地下水水化学演变主要与侧向补给和开采有关。

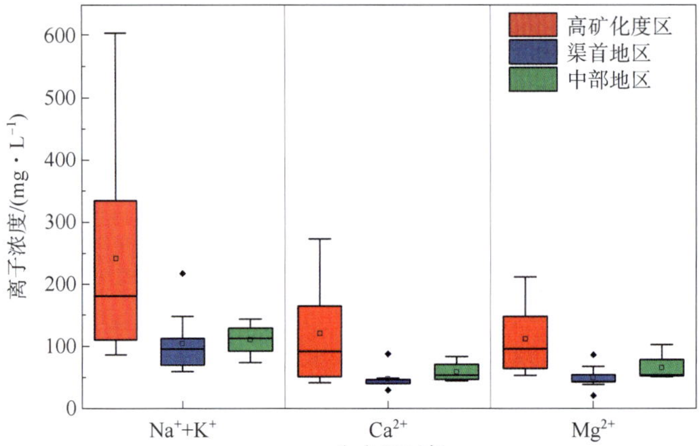

（a）2006年

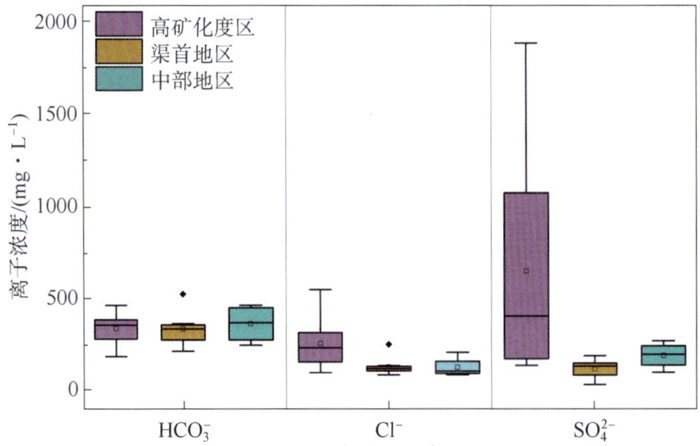

（b）2006年

图 6.14　2006—2022 年不同区域离子浓度分布情况

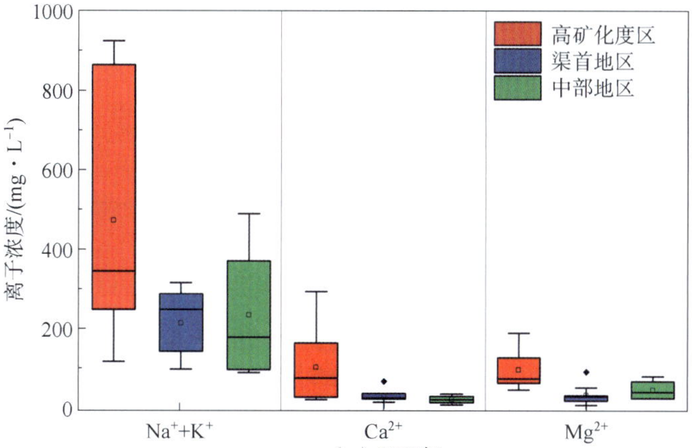


（c）2013年

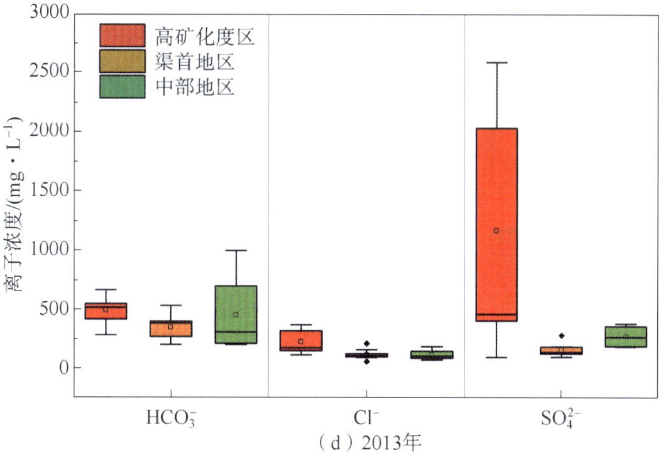


（d）2013年

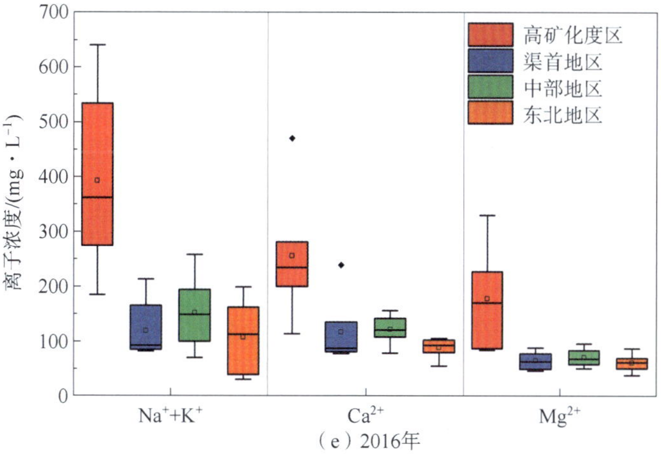


（e）2016年

图 6.14　2006—2022 年不同区域离子浓度分布情况（续）

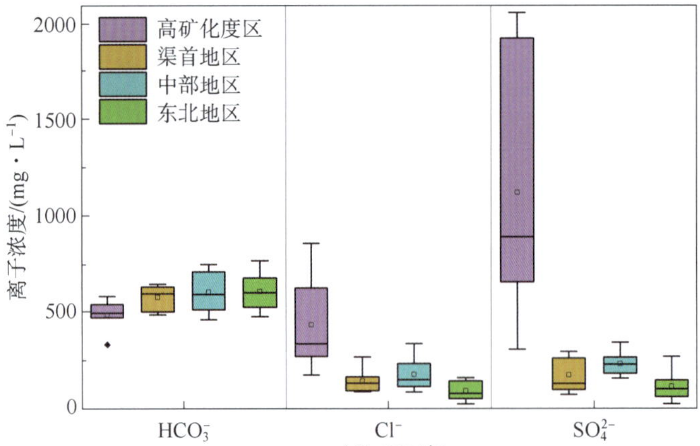


（f）2016年

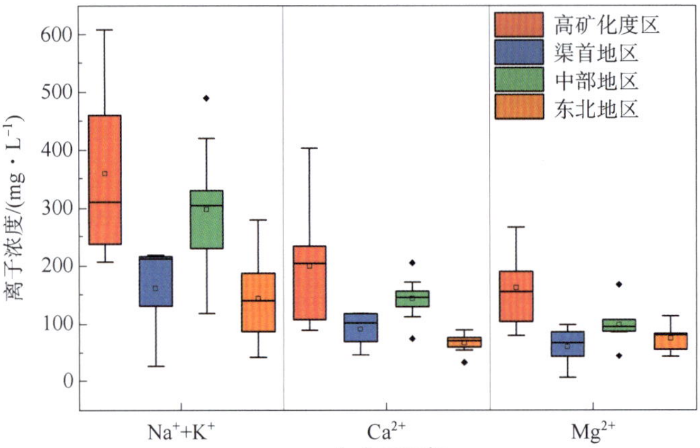


（g）2022年

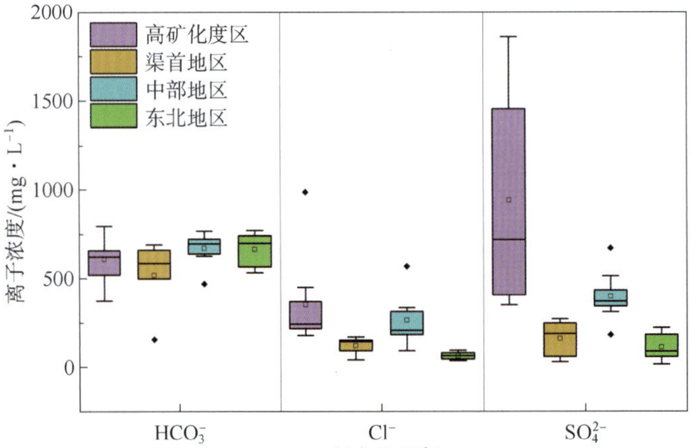


（h）2022年

图 6.14　2006—2022 年不同区域离子浓度分布情况（续）

地下水中 $SO_4^{2-}$ 含量与 $\delta^{34}S_{SO_4}$ 同位素值的相关性对水体中硫酸盐的成因有指示作用（Torres-Martínez et al.，2020；Wen et al.，2022；Zhang et al.，2022）。根据研究区地下水中 $SO_4^{2-}$ 与 $\delta^{34}S_{SO_4}$ 值关系图，见图 6.15（a），两者具有明显的线性正相关性，且不同 SOM 分类结果的水样有一部分相互交错在一起，表明不同分类结果具有不同比重的硫酸盐来源。

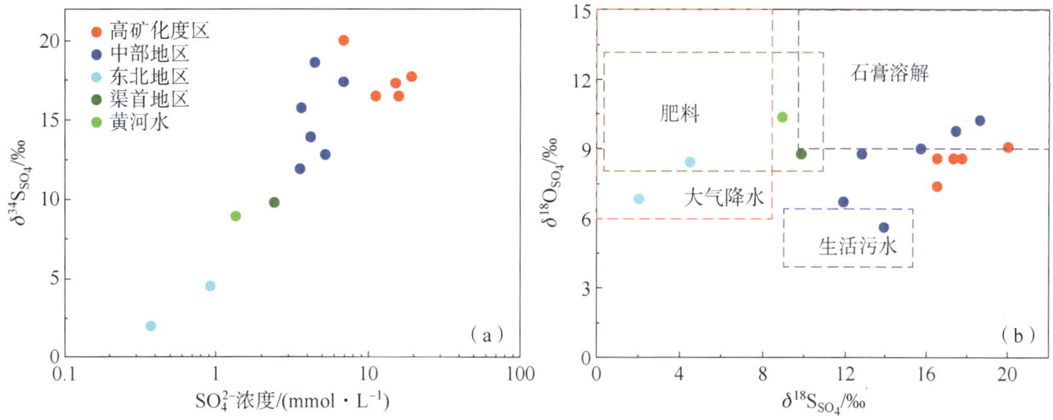


图 6.15　2022 年地下水 $SO_4^{2-}$ 浓度与 $\delta^{34}S_{SO_4}$、$\delta^{18}O_{SO_4}$ 与 $\delta^{34}S_{SO_4}$ 关系图

借助不同硫酸盐来源硫和氧同位素可以分析研究区地下水硫酸盐的大致来源（Zhang et al.，2015；Ren et al.，2021；Zhang et al.，2023）。结合灌区水文地质情况和取样信息，地下水中硫酸盐主要来源于大气沉降、蒸发岩溶解、化肥及生活污水等。灌区取样点 $\delta^{34}S_{SO_4}$ 和 $\delta^{18}O_{SO_4}$ 值分布图如图 6.15（b）所示，①灌区高矿化度区地下水取样点 $SO_4^{2-}$ 浓度与 $\delta^{34}S_{SO_4}$ 值较高（$SO_4^{2-}$ 浓度为 1083.05～1857.34mg/L，$\delta^{34}S_{SO_4}$ 值为 16.5%～17.7‰），$\delta^{34}S_{SO_4}$ 和 $\delta^{18}O_{SO_4}$ 值主要分布在蒸发岩溶解附近；②渠首地区地下水取样点中 $SO_4^{2-}$ 浓度与 $\delta^{34}S_{SO_4}$ 值比东北部地区地下水偏高（$SO_4^{2-}$ 浓度为 236.60mg/L，$\delta^{34}S_{SO_4}$ 值为 9.8‰），与黄河水 $SO_4^{2-}$ 浓度与 $\delta^{34}S_{SO_4}$ 接近，表明黄河水补给对渠首地区影响较大；③东北部地区地下水取样点中 $SO_4^{2-}$ 浓度与 $\delta^{34}S_{SO_4}$ 值均较低（$SO_4^{2-}$ 浓度为 35.95mg/L 和 88.46mg/L，$\delta^{34}S_{SO_4}$ 值为 2、4.5‰），与其他类型地下水分布明显不同，$\delta^{34}S_{SO_4}$ 和 $\delta^{18}O_{SO_4}$ 值在大气降水和肥料端元内；④中部地区地下水取样点中 $SO_4^{2-}$ 浓度与 $\delta^{34}S_{SO_4}$ 值处于渠首地区与高矿化度区地下水之间（$SO_4^{2-}$ 浓度为 346.49～667.46mg/L，$\delta^{34}S_{SO_4}$ 值为 11.9‰～18.6‰），部分地下水取样点 $\delta^{34}S_{SO_4}$ 和 $\delta^{18}O_{SO_4}$ 值位于生活污水端元，表明其地下水中硫酸盐主要来源于生活污水。位于高矿化度区附近的地下水取样点 $SO_4^{2-}$ 离子浓度与 $\delta^{34}S_{SO_4}$ 值都与高矿化度区接近，表明其地下水受到高矿化度区径流影响。中部地区地下水的形成一部分与生活污水有关，一部分与西北地区高矿化度地下水流动有关。

## 6.7　人类污染对地下水水化学的影响

人民胜利渠灌区作为历史悠久的农业灌区，随着现代化农牧业等人类活动加剧，地下水系统必然会受到污染活动影响，传统方法是应用 $Na^+$、$SO_4^{2-}$、$Cl^-$ 与 $NO_3^-$ 定性分析污染活动对地下水的影响，由于灌区地下水中离子主要来源于岩石风化，$Na^+$ 和 $Cl^-$ 主要来源于硅酸盐岩和盐岩溶解，见图 6.3（a），$SO_4^{2-}$ 主要来源于石膏，见图 6.3（b），岩石化学风化过程中没有 $NO_3^-$ 的产生，$NO_3^-$ 主要来源于人类活动污染，前人研究显示人民胜利渠灌区 $NO_3^-$ 主要来源于土壤氮、化肥、大气沉降、粪肥和污水，其中粪肥和污水的贡献率最大，为 42.69%，土壤氮和化肥的贡献率分别为 28.88% 和 19.78%，大气沉降的贡献率最小，为 9.04%（袁银，2022）。

灌区多年 $NO_3^-$ 浓度分布如图 6.16 所示，2015 年和 2016 年灌区西北地区和中部地区氮污染较严重，与该区域人类生活区聚集有关，其中白露、陈庄、前李村取样点 $NO_3^-$ 浓度均为《地下水质量标准》（GB/T 14848—2017）中规定的Ⅴ类水水质标准；2018 年灌区氮污染较 2015 年和 2016 年小，孙杏村和王管营取样点 $NO_3^-$ 浓度均为《地下水质量标准》中规定的Ⅳ类水水质标准；2021 年灌区氮污染较之前更加严重，灌区西北地区和东北地区 $NO_3^-$ 浓度严重超标，均为Ⅴ类水水质标准，东北地区 $NO_3^-$ 浓度记录以来从未超过Ⅲ类水水质标准，由于其埋深较大，地表污染物进入地下水较少，2021 年特大暴雨使灌区总体水位上升，从而也将地表污染物带入地下水中。因此，除了人类污染给灌区带来影响外，地下水动力条件的改变也同样影响地下水的污染结构。

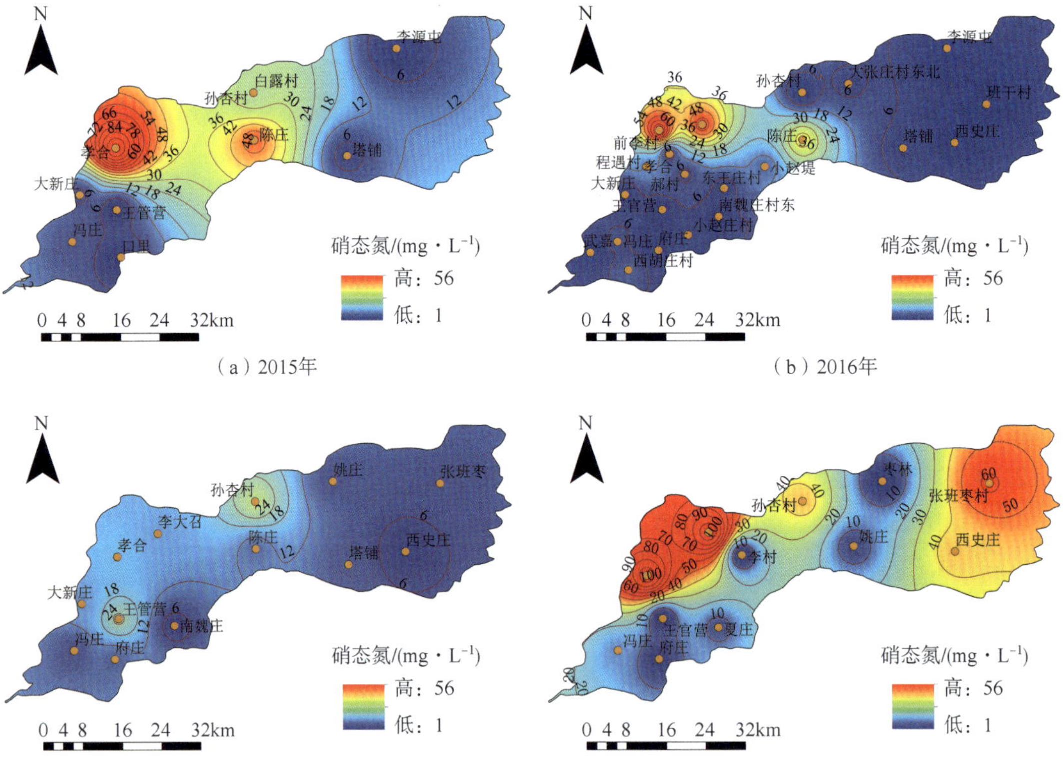


（a）2015年 （b）2016年

（c）2018年 （d）2021年

图 6.16 多年 $NO_3^-$ 浓度空间分布图

## 6.8 小结

1）研究区地下水水化学的形成主要受岩石风化控制，高矿化度区还受到一定的蒸发浓缩作用，低矿化度区地下水离子主要来源于碳酸盐、石膏和盐岩溶解，高矿化度区地下水离子主要来源于石膏、芒硝和盐岩溶解，此外，灌区地下水受强烈的正向阳离子交换作用的影响，导致地下水中 $Na^+$增加。

2）在低矿化度区，降水通过补给使地下水中离子浓度减小是影响地下水化学组分的主要作用，距离渠系较近的地下水取样点受黄河水直接补给影响，使其水化学离子浓度与黄河水化学组分浓度接近，距离渠系较远地下水取样点受黄河水的直接补给影响较小，降水和引黄河水均会淡化低矿化度区地下水离子浓度，当其补给量较多时，埋深变小，离子浓度减少；补给量减少，埋深变大，离子浓度增加。在高矿化度区，土壤易溶盐随降水淋溶至含水层中是影响高矿化度区地下水化学组分的主要作用，当黄河水补给量较多时，黄河水通过补给距离渠系较近的地下水取样点使其离子浓度减小；当黄河水补给量较小时，黄河水补给不是影响地下水离子浓度变化的主要因素，地下水离子浓度与埋深大致呈负相关关系，地下水离子浓度和埋深除受到补给因素影响外，明显受土壤盐分淋溶作用与开采量的影响。

3）灌区渠首和西北地区地下水位变化较小，渠首受黄河水补给较多，西北地区为冲洪积扇地下水承泄区，加上灌溉退水，地下水位变化较小；中部地区夏庄取样点从 2001 年形成降落漏斗，地下水流向从 1996—2001 年渠首向西北地区方向流动，转变为渠首地区和西北地区向夏庄漏斗区流动，高矿化度地下水向漏斗区流动，使沿途地下水各离子浓度增加，特别是 $SO_4^{2-}$ 和 $Na^++K^+$。此外，高矿化度区和中部地区地下水受到强烈的人类活动影响，$NO_3^-$ 浓度经常超过《地下水质量标准》中规定的Ⅳ类水水质标准。

# 第 7 章　灌区地下水水化学演变模式

不同区域地下水水化学都具有各自的演化模式，在一个长期的历史过程中，地下水水化学一直处于一个不断演化的进程中，不同历史时期，地下水环境又呈现出不同的演化模式，并且在不同的演化模式中，它会经历一个相当长的时期，然后在内（外）部条件不断影响下，地下水环境演化由量变到质变，由一种地下水环境演化模式发展到另外一种演化模式，这是一个缓慢的历史过程（张楠，2017）。

## 7.1　研究方法

自组织映射（SOM）是一种采用无监督竞争学习机制的人工神经网络，通过自组织地调整网络参数与结构去发现输入数据的内在规律，将高维、复杂的数据投射到由相似度定义的二维、有规则组织的离散位置（神经元）上。SOM 的顺序学习算法有 4 个训练步骤，即初始化、竞争、自适应和迭代。这些步骤可以简单描述为：①用小的随机值初始化权值空间，同时在这个初步步骤中分别设置地图大小、起始优胜神经元和初始学习率；②找到权值向量与输入向量距离最小的节点作为优胜节点（BMU）；③更新 BMU 及其近端神经元的权值向量。在训练过程中，权值向量将靠近最接近的样本值；④迭代搜索过程，收敛到最佳的自组织映射。如果预先确定的迭代次数达到或学习率趋于 0，则此过程将结束，否则将返回到步骤②（Choi et al.，2014；Kim et al.，2020；Park et al.，2014）。

本书通过 Matlab 2014b 软件构建 SOM 模型来实现取样点的分类，输出神经元的最优数量（$m$）可由经验公式来确定，$m=5\times\sqrt{n}$，其中 $n$ 表示输入样本的数量（$n=241$），考虑到数量误差（QE）和结构误差（TE），确定最终的神经矩阵。将 TDS，$Na^++K^+$、$Ca^{2+}$、$Mg^{2+}$、$SO_4^{2-}$、$HCO_3^-$ 和 $Cl^-$等 7 个水化学指标输入到 SOM 模型中，经过初始化、竞争、自适应和迭代 4 个训练步骤后，SOM 的输出通常以统一距离矩阵（u 型矩阵）和分量平面的形式表示（Xiao et al.，2022）。本书采用 k-means 聚类算法对地下水样本进行分类，并在获得最优聚类数之前实现戴维森堡丁指数（DBI）（Zhu et al.，2020）。u 型矩阵显示了两个邻域神经元和集群边界之间的欧氏距离，这有助于解释所确定的集群，这些分量分布图中的颜色梯度，代表了相邻神经元之间的相似程度，低值用蓝色表示，高值用红色表示。DBI 表达式如式 7.1 所示：

$$\mathrm{DBI}=\frac{1}{N}\sum_{i=1,i\neq j}^{N}\max\left(\frac{\sigma_i+\sigma_j}{d(c_i,c_j)}\right) \tag{7.1}$$

式中：$N$ 为集群的数量；$\sigma_i$、$\sigma_j$ 分别为聚类 $i$、$j$ 中所有模式到质心 $c_i$ 和 $c_j$ 的平均距离；$d(c_i,c_j)$ 为 $c_i$ 和 $c_j$ 之间的距离。

## 7.2 地下水化学演变模式分类

将 1987 年、1990 年、1996 年、2001 年、2006 年、2013 年、2016 年和 2022 年 8 个代表年地下水和 15 组黄河水水化学数据输入 SOM 自组织映射神经网络模型中，经过 SOM 模型的运算，当神经矩阵包括 81 个神经元时，数量误差（QE）和结构误差（TE）达到最小，同时水化学数据分为 5 个集群时，DBI 达到了最小值，表明它可以更好地反应集群的特征和水化学特征的长期时空变化，7 个地下水水化学参数的 u 型矩阵和分量分布图如图 7.1 所示。

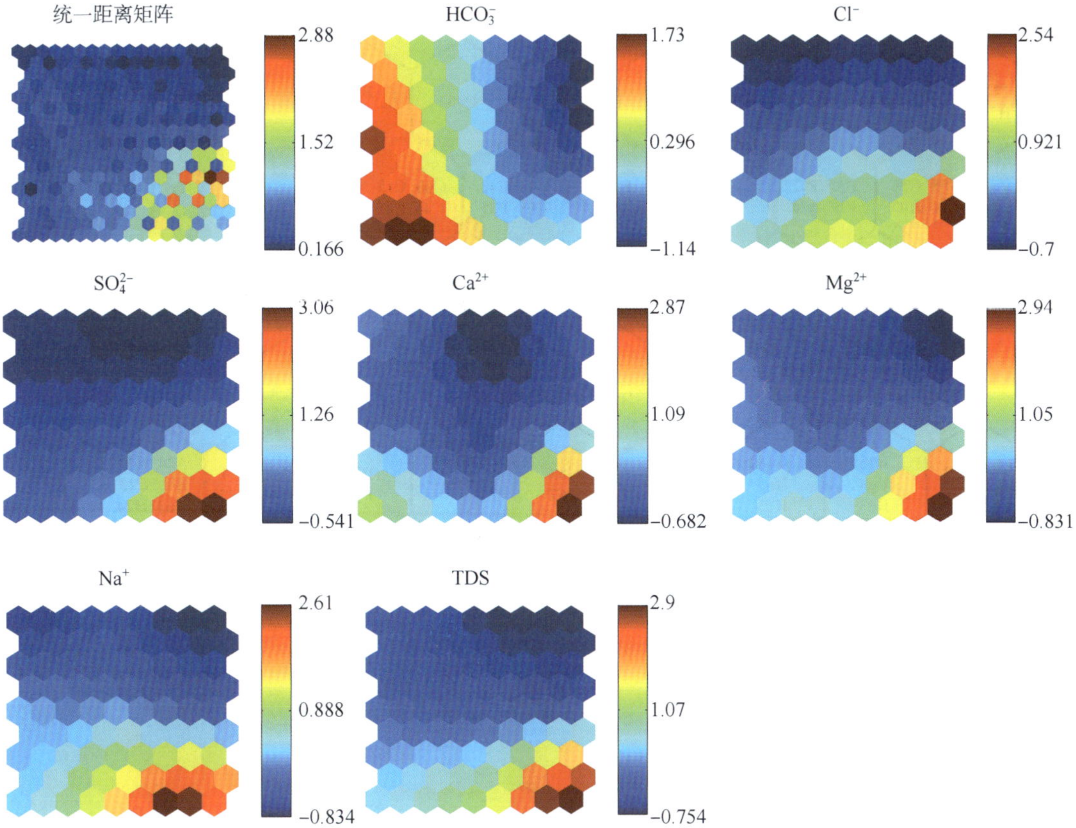


图 7.1 SOM 算法输入变量的相对分布

这些参数之间的相关性很明显。$Na^+$+$K^+$、TDS 和 $SO_4^{2-}$ 分量颜色梯度相似，其中最大值分散在底部右方，并向上减小，表明它们具有很强的相关性；$Ca^{2+}$和 $Mg^{2+}$分量分布也具有明显的相似性；$HCO_3^-$ 分量分布与其他分量分布完全不同，表明 $HCO_3^-$ 与其他变量相关性低。

SOM 模型对地下水和黄河水水化学参数的分类结果如图 7.2 所示。第一类地下水（G1）在标签矩阵的左上方，包括了 63 个取样点数据，除了 $HCO_3^-$ 特征指标高，其他特征指标相似度都较低，TDS 浓度范围在 428.53～1125.10mg/L 之间，水化学类型主要是 $HCO_3$・Cl-Na・Mg・Ca 型和 $HCO_3$-Ca・Mg・Na 型。第二类地下水（G2）在标签矩阵的右上方，包括了 78 个地下水取样点数据和所有黄河水数据，表明该部分地下水水化学特征与黄河水相似，黄河水补给对该部分地下水水化学产生了较大的影响，G2 类地下水 TDS

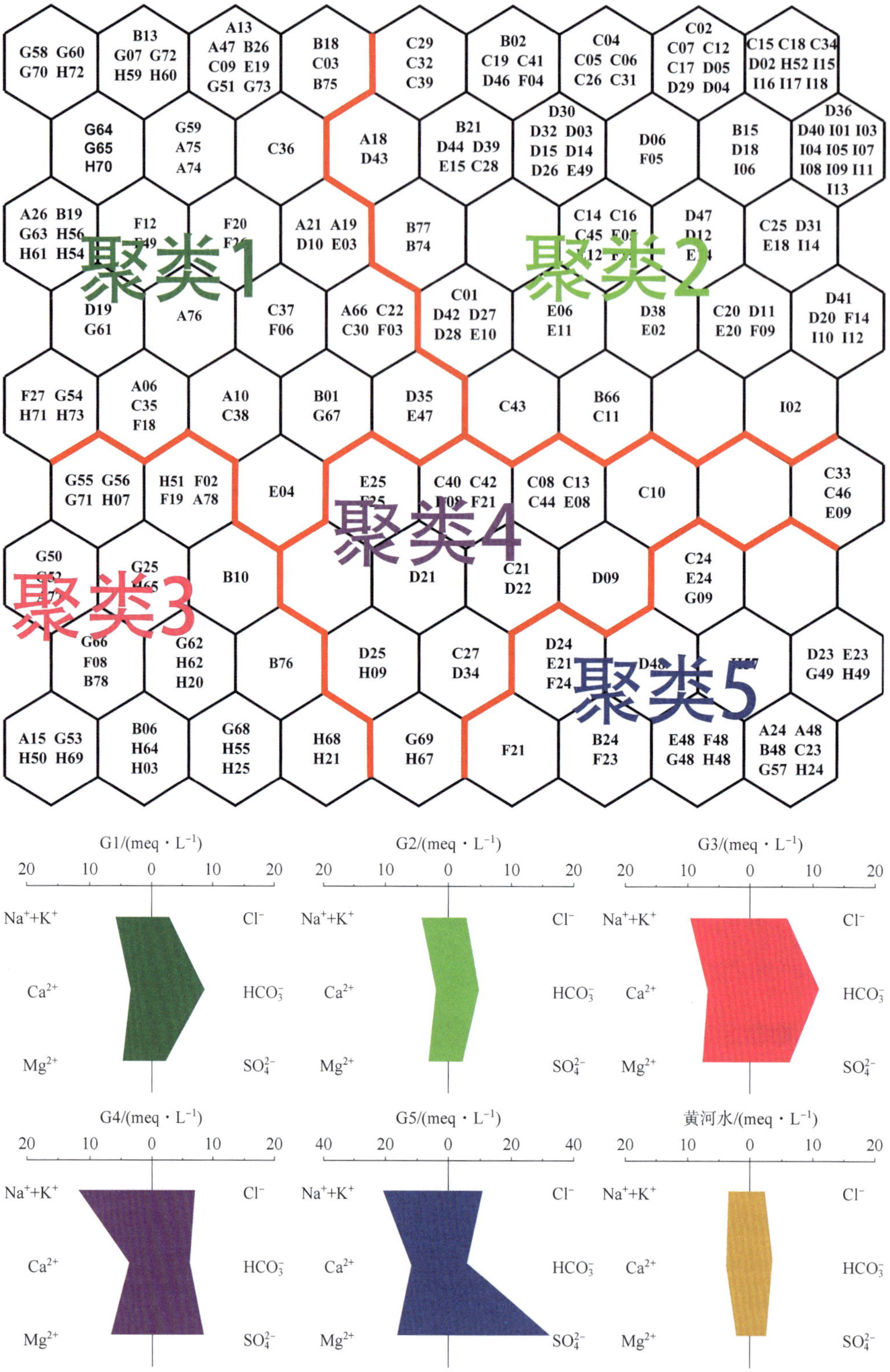


图 7.2 SOM 算法分类结果

A、B、C、D、E、F、G、H、I 分别代表 1987 年、1990 年、1996 年、2001 年、2006 年、2013 年、2016 年和 2022 年地下水取样点和黄河水

浓度范围在 244.70~1307.30mg/L 之间，各水化学离子浓度是 5 个集群中最低的，水化学类型主要为 $HCO_3\cdot Cl-Na\cdot Mg\cdot Ca$ 型和 $HCO_3\cdot Cl-Mg\cdot Na$ 型。第三类地下水（G3）在标签矩阵左下方，集群中的特征离子是 $HCO_3^-$，TDS 浓度范围在 804.13~2710.00mg/L 之间，各水化学离子浓度较 G1、G2 类地下水明显增加，水化学类型为 $HCO_3\cdot Cl-Na\cdot Mg\cdot Ca$ 型和 $HCO_3\cdot SO_4\cdot Cl-Na\cdot Mg\cdot Ca$ 型。第四类地下水（G4）TDS 浓度范围在 909.54~2136.20mg/L 之间，地下水化学特征与 G1、G2、G3 类地下水明显不同，水化学类型主要为 $SO_4\cdot Cl\cdot HCO_3-Na\cdot Mg$ 型和 $Cl\cdot HCO_3\cdot SO_4-Na\cdot Mg$ 型。第五类地下水（G5）位于标签矩阵右下角，特征指标分别为 $Na^++K^+$、$Ca^{2+}$、$Mg^{2+}$、$SO_4^{2-}$、$Cl^-$ 和 TDS，各个水化学离子浓度均较高，TDS 浓度范围在 1970.32~4431.50mg/L 之间，$SO_4^{2-}$ 平均离子浓度高达 1621.56mg/L。地下水水化学类型为 $SO_4-Na\cdot Mg$ 型和 $SO_4\cdot Cl-Mg\cdot Na$ 型。研究区各类地下水阳离子浓度大小关系为 $Na^++K^+>Ca^{2+}>Mg^{2+}$，G1 至 G3 类地下水阴离子浓度大小关系为 $HCO_3^->Cl^-\approx SO_4^{2-}$，G4 和 G5 类地下水阴离子浓度大小关系为 $SO_4^{2-}>Cl^->HCO_3^-$。

1987—2022 年研究区地下水 SOM 分类结果具有空间和时间上的变化特征。1987—2022 年灌区高矿化度区 SOM 分类结果以 G5 类地下水为主，见图 7.3（a，b，c，d，e，f，g，h）；

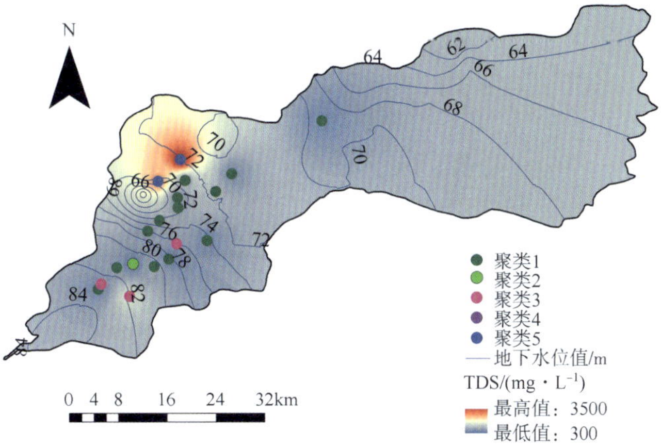


（a）1987年

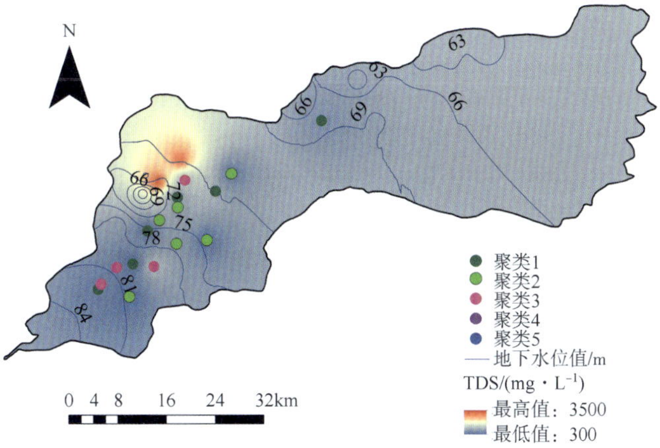


（b）1990年

图 7.3　不同年份地下水 SOM 分类空间分布图

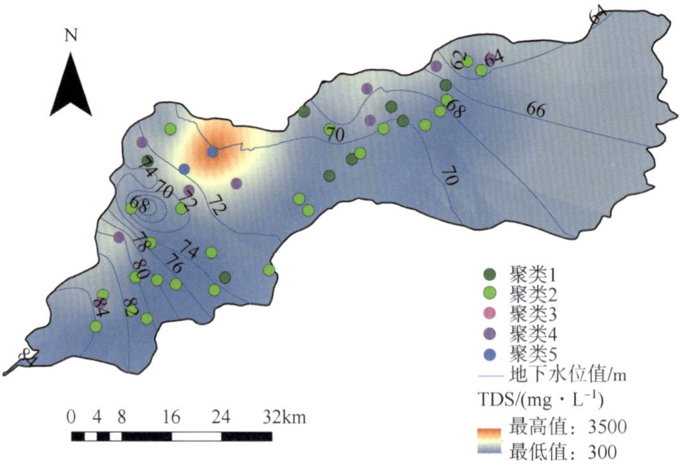


（c）1996年

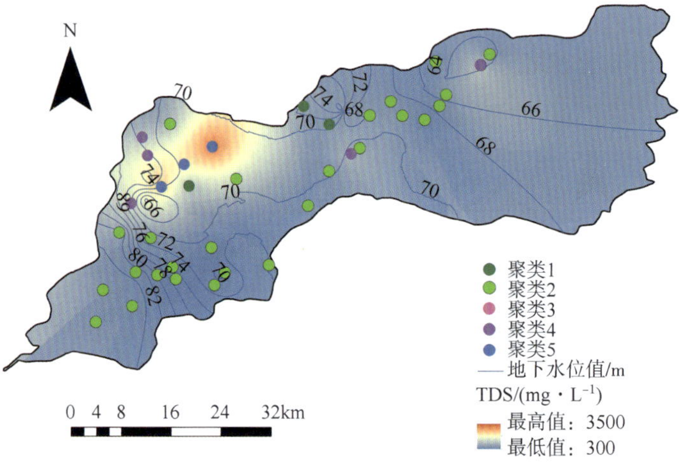


（d）2001年

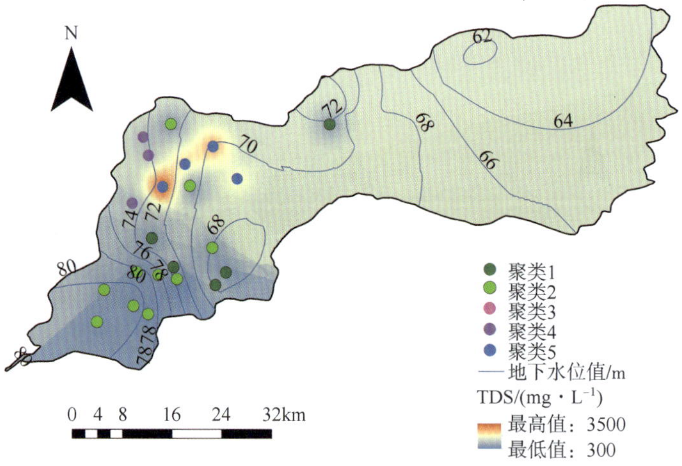


（e）2006年

图 7.3　不同年份地下水 SOM 分类空间分布图（续）

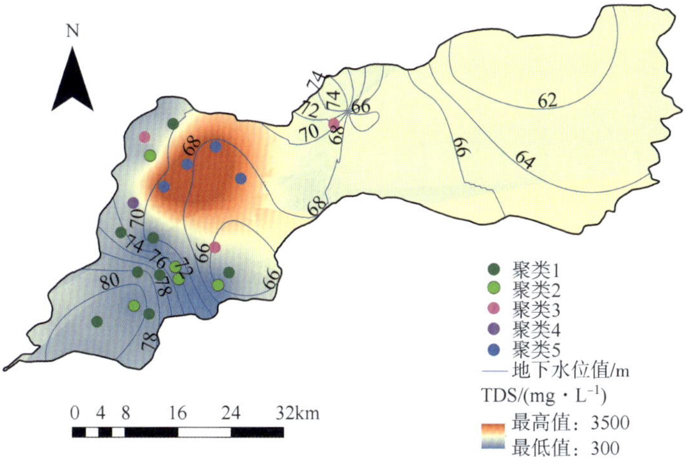


（f）2013年

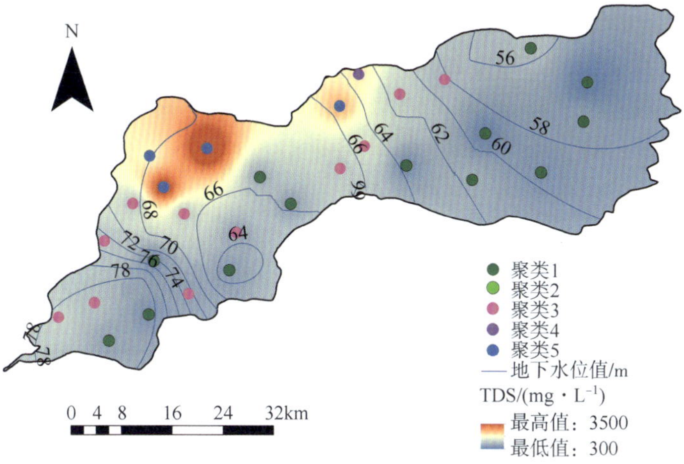


（g）2016年

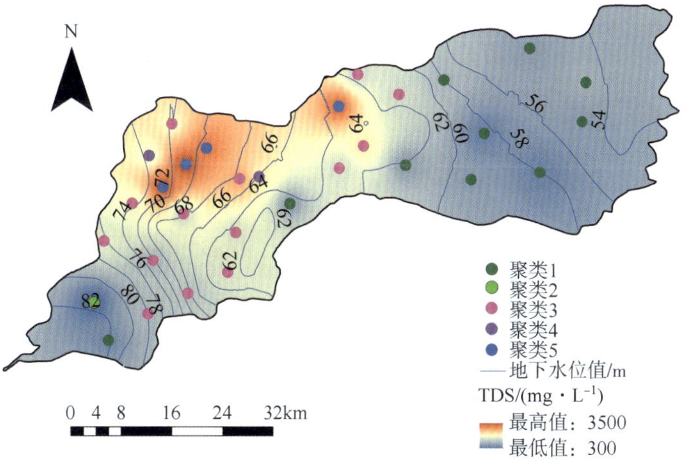


（h）2022年

图 7.3　不同年份地下水 SOM 分类空间分布图（续）

研究区渠首和东北部地区 SOM 分类结果经历过两次转变，从 1987 年以 G1 类地下水为主转变为 1996 年的 G2 类地下水，又在 2016 年转变为以 G1 类地下水为主。灌区中部地区 SOM 分类结果经历过 3 次转变，从 1987 年以 G1 类地下水为主转变为 1996 年的 G2 类地下水，又在 2013 年转变为以 G1 类地下水为主，到 2022 年转变为以 G3 类地下水为主。

G5 类地下水主要分布在高矿化度区，该地区之前是盐碱地，地下水矿化度较高，具有高浓度的 $SO_4^{2-}$ 含量，其均值为 3201.60mg/L。G4 类地下水主要分布在 G5 类地下水附近，并且地下水离子组分与 G5 类地下水相似，可能受到 G5 类地下水离子组分的影响。1987—2001 年 SOM 分类结果从 G1 类地下水转变为 G2 类地下水，G2 类地下水离子组成与黄河水相似，并且 G2 类地下水由渠首地区分布慢慢延展到整个灌区，可能是受到黄河水的影响。2001—2013 年灌区地下水 SOM 分类结果从 G2 类地下水转变为 G1 类地下水，表明黄河水对灌区地下水水化学演变影响有所减小。2013—2022 年研究区渠首和中部地区 SOM 分类结果从 G1 类地下水转变为 G3 类地下水，2001 年后灌区下方降落漏斗的形成，2021 年漏斗降落速度增快，径流作用更加强烈，使灌区中部 G3 类地下水数量增加。

综合考虑表现特征、内部演变作用及外部影响因子 3 个方面，地下水水化学表现特征包含离子浓度变化和自组织映射神经网络（SOM）对地下水水化学特征分类结果的时空演变及水化学类型等；内部演变作用包含离子来源及水化学演化作用等；外部影响因子包含地形地貌、地下水径流条件、大气降水和引黄河水量等因素，将人民胜利渠灌区地下水水化学划分为 4 种演变模式，即古黄河背河洼地-蒸发浓缩-降水淋溶模式、古黄河滩地-引黄灌溉补给模式、古黄河滩地-引黄灌溉补给-径流模式和古黄河滩地-引黄灌溉补给-弱径流模式（图 7.4）。

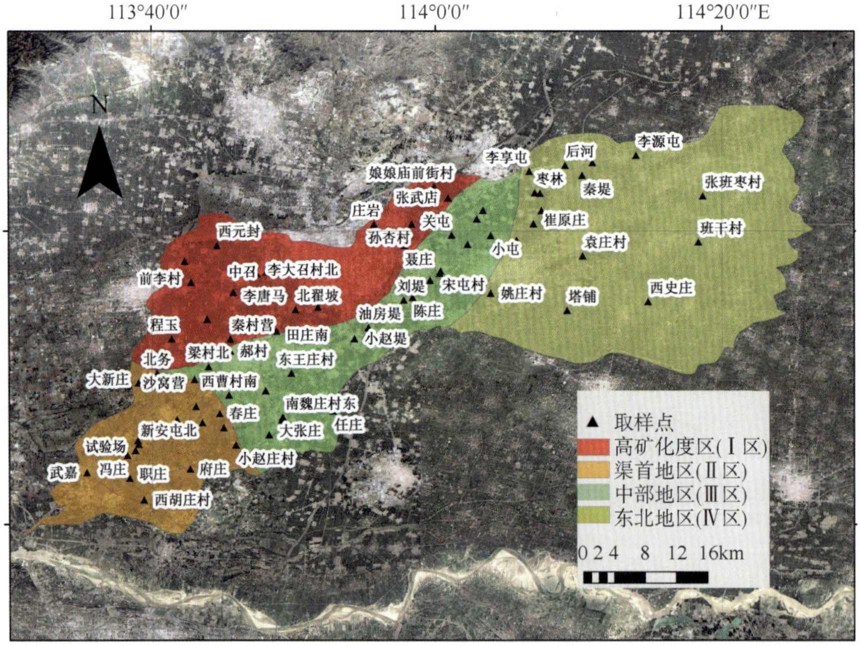


图 7.4　2002—2022 年地下水水化学演变模式分区图

Ⅰ区—古黄河背河洼地-蒸发浓缩-降水淋溶模式；Ⅱ区—古黄河滩地-引黄灌溉补给模式；

Ⅲ区—古黄河滩地-引黄灌溉补给-径流模式；Ⅵ区—古黄河滩地-引黄灌溉补给-弱径流模式

## 7.3 地下水水化学演变模式

### 7.3.1 古黄河背河洼地-蒸发浓缩-降水淋溶模式

古黄河背河洼地-蒸发浓缩-降水淋溶模式（Ⅰ区），该区域地貌类型处于古黄河背河洼地和太行山前交接洼地之间（图 7.5），地势低洼，透水性较差，地下水径流受阻，水流速度较慢，蒸发作用强烈，1957—1962 年曾造成大面积盐碱地，后宏观调控地下水位，改善排水条件，盐碱地已有改善，但地下水矿化度较高（见图 4.4）。1987—2001 年灌区渠首及中部地区地下水漏斗的中心点为董庄，渠首地区地下水向董庄取样点附近流动，1987—2006 年丁村、前李村、西仓村地下水埋深为 1~2m（见图 3.6），Gibbs 图显示地下水除了受到岩石风化外还受到强烈的蒸发浓缩作用（见图 6.1）。

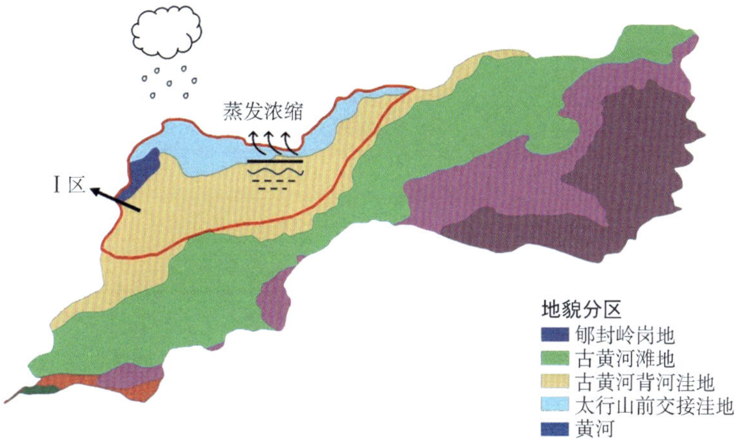


图 7.5 古黄河背河洼地-蒸发浓缩-降水淋溶模式示意图

1987—2022 年降水量先呈现增加后减小趋势，2002—2022 年城市建设用地面积比 1996—2001 年有所增加，耕地面积有所减小，2002—2022 年引黄河水量较 1987—2001 年显著减少，但 2002—2022 年地下水位稍微上升，表明黄河水对其影响较小，如表 7.1 所示。1987—2022 年地下水 TDS 范围在 1000~4500mg/L，地下水中主要的阳离子是 $Na^+$，主要的阴离子是 $SO_4^{2-}$；地下水水化学类型主要是 $SO_4 \cdot HCO_3-Na \cdot Mg$ 型、$SO_4 \cdot Cl-Na \cdot Mg$ 型和 $Cl \cdot SO_4 \cdot HCO_3-Na \cdot Mg$ 型，SOM 对地下水水化学特征分类结果以 G4 类地下水为主；富集区地下水水化学形成过程主要是以岩石风化和蒸发浓缩作用为主，离子主要来源于硅酸盐岩、石膏、芒硝和盐岩溶解，此外，地下水受强烈的正向阳离子交换作用的影响。降水使土壤易溶盐淋溶至含水层中进而影响地下水化学组分，当引黄河水量较大时，黄河水对距离渠系较近的地下水取样点补给淡化作用比距离渠系较远的地下水取样点大，当引黄河水量较小时，黄河水补给对地下水影响较小。

表 7.1　古黄河背河洼地-蒸发浓缩-降水淋溶模式各指标变化表

| 指　　标 | | 1987—1990 年 | 1996—2001 年 | 2002—2022 年 |
|---|---|---|---|---|
| 气候条件 | 降水量/mm | 557.33 | 590.96 | 534.49 |
| 人类活动 | 城市和建设用地/$km^2$ | — | 85 | 109 |
| | 耕地面积/$km^2$ | — | 280 | 234 |
| 水量 | 引黄灌溉量/($10^8 m^3 \cdot a^{-1}$) | 4.23 | 4.14 | 2.59 |
| | 开采量/($10^8 m^3 \cdot a^{-1}$) | — | 1.63 | 2.02 |
| 水动力条件 | 水位埋深变化/($m \cdot a^{-1}$) | 0.01 | -0.34 | 0.10 |
| | 水力梯度/($m \cdot km^{-1}$) | 0.76 | 0.57 | 0.30 |
| 水化学指标 | TDS/($mg \cdot L^{-1}$) | 1616.14 | 1566.65 | 2325.39 |
| | $Ca^{2+}$/($mg \cdot L^{-1}$) | 145.63 | 98.68 | 169.97 |
| | $Mg^{2+}$/($mg \cdot L^{-1}$) | 124.69 | 97.10 | 139.81 |
| | $Na^+$+$K^+$/($mg \cdot L^{-1}$) | 264.15 | 281.35 | 378.34 |
| | $Cl^-$/($mg \cdot L^{-1}$) | 156.19 | 205.11 | 310.88 |
| | $SO_4^{2-}$/($mg \cdot L^{-1}$) | 809.78 | 678.41 | 980.50 |
| | $HCO_3^-$/($mg \cdot L^{-1}$) | 456.19 | 297.42 | 483.06 |

注：数据均为各指标平均值；地下水位埋深变化“-”代表水位下降。

根据以上分析，1987—2022 年高矿化度区地下水水化学演变模式主要是古黄河背河洼地-蒸发浓缩-降水淋溶模式，处于太行山冲洪扇下部，径流条件受阻，地下水埋深前，蒸发浓缩作用大，地下水矿化度较高，此外，降水使土壤易溶盐淋溶至含水层中进而影响地下水化学组分。

## 7.3.2　古黄河滩地-引黄灌溉补给模式

古黄河滩地-引黄灌溉补给模式（Ⅱ区），该区域地貌类型处于古黄河滩地（图 7.6），地形平坦，排水良好，位于灌区渠首位置，引黄河水量充足，地下水位一直在 74~84m 之间（见图 3.6），距离黄河水取水口越近地下水位变化越小，贺庄地下水取样点 1987—2022 年地下水埋深在 1~2m 之间浮动，距离取水口较远的沙窝营取样点地下水埋深从 2000 年和 2001 年的 2m 逐渐增加到 2018 年 5m 左右。

1987—2022 年降水量先呈现增加后减小趋势，2002—2022 年城市建设用地面积比 1996—2001 年稍微增加，耕地面积有所减小，2002—2022 年引黄河水量较 1987—2001 年显著减少，降水和黄河水均对地下水有淡化作用，2002—2022 年地下水位有所下降，地下水离子浓度也有所增加，渠首地区 1987—2022 年地下水水力梯度变化较小，表明黄河水对渠首地区补给充足，如表 7.2 所示。1987—2001 年地下水 TDS 范围在 200~1500mg/L 之间，地下水中主要的阳离子是 $Na^+$，主要的阴离子是 $HCO_3^-$，1987 年、1990 年、1996 年和 2001 年地下水水化学指标呈逐年下降趋势，各离子浓度越来越接近黄河水的离子浓度，地下水水化学类型由 $HCO_3 \cdot SO_4$-Na · Mg 型和 $HCO_3$-Na · Mg 型转变成 $HCO_3 \cdot$ Cl-

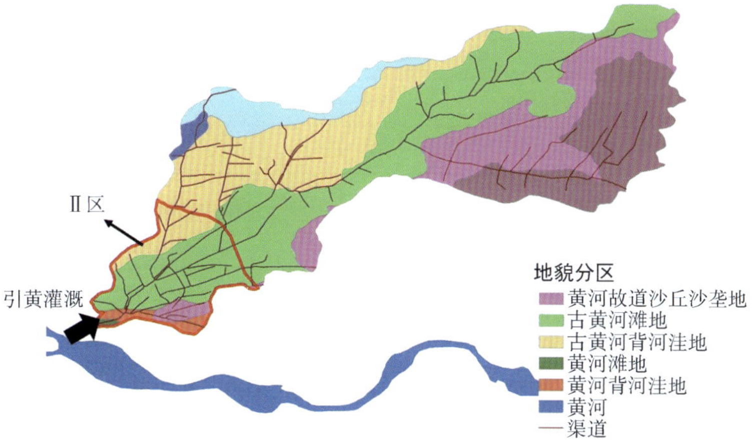


图 7.6 古黄河滩地-引黄灌溉补给模式示意图

Na · Mg 型，SOM 分类结果从 1987 年以 G1 类地下水为主逐渐转变为 2001 年的 G2 类地下水，G2 类地下水水化学特征与黄河水水化学特征相似；地下水离子浓度变化特征、水化学类型和 SOM 分类结果都表现出黄河水特征，表明黄河水 1987—2001 年黄河水灌溉是地下水水化学演变的主要控制因素。2002—2022 年地下水 TDS 范围在 200~1500mg/L 左右，地下水中主要的阳离子是 $Na^+$，主要的阴离子是 $HCO_3^-$，2002—2013 年引黄灌溉对距离渠系较近的取样点作用较大，对距离渠系较远取样点作用有所减小，地下水水化学类型由 2001—2013 年的 $HCO_3$ · Cl-Na · Mg 型演变成 2016 年 $HCO_3$ · $SO_4$-Ca · Mg · Na 型，2022 年水化学类型为 $HCO_3$-Na · Ca 型，SOM 分类结果从 2006 年和 2013 年以 G2 类地下水为主逐渐转变为 2016 年的 G1 类地下水，2022 年渠首地下水类型包括 G1、G2 和 G3 类地下水。相对于 1996—2001 年和 2002—2013 年地下水中 $Na^+$+$K^+$、$HCO_3^-$ 和 TDS 浓度有所增加，距离渠道较近的地下水取样点离子浓度增加幅度较距离渠道较远取样点小，距离渠道较近的地下水取样点埋深变化较小，距离渠道较远地下水取样点埋深变化较大，黄河水补给影响较 1996—2001 年小，但仍然是地下水主要影响因素。氢氧同位素溯源结果显示渠首地区受黄河水补给占比较高，对地下水中硫酸盐主要来源进行示踪，发现其来源比较广泛，肥料、污水、土壤均对其有作用。

**表 7.2 古黄河滩地-引黄灌溉补给模式各指标变化表**

| 指标 | | 1987—1990 年 | 1996—2001 年 | 2002—2022 年 |
|---|---|---|---|---|
| 气候条件 | 降水量/mm | 557.33 | 590.96 | 534.49 |
| 人类活动 | 城市和建设用地/$km^2$ | — | 12 | 13 |
| | 耕地面积/$km^2$ | — | 291 | 279 |
| 水量 | 引黄灌溉量/($10^8 m^3 \cdot a^{-1}$) | 4.23 | 4.14 | 2.59 |
| | 开采量/($10^8 m^3 \cdot a^{-1}$) | — | 1.63 | 2.02 |
| 水动力条件 | 水位埋深变化/($m \cdot a^{-1}$) | 0.07 | -0.09 | -0.20 |
| | 水力梯度/($m \cdot km^{-1}$) | 0.62 | 0.71 | 0.75 |

续表

| 指　　标 | | 1987—1990 年 | 1996—2001 年 | 2002—2022 年 |
|---|---|---|---|---|
| 水化学指标 | TDS/(mg · $L^{-1}$) | 863. 00 | 529. 62 | 713. 77 |
| | $Ca^{2+}$/(mg · $L^{-1}$) | 81. 93 | 39. 87 | 68. 03 |
| | $Mg^{2+}$/(mg · $L^{-1}$) | 64. 83 | 39. 29 | 47. 71 |
| | $Na^{+}$+$K^{+}$/(mg · $L^{-1}$) | 154. 82 | 99. 54 | 142. 40 |
| | $Cl^{-}$/(mg · $L^{-1}$) | 154. 14 | 102. 07 | 119. 97 |
| | $SO_4^{2-}$/(mg · $L^{-1}$) | 129. 93 | 92. 48 | 149. 90 |
| | $HCO_3^{-}$/(mg · $L^{-1}$) | 560. 86 | 277. 83 | 408. 40 |

注：数据均为各指标平均值；地下水位埋深变化“-”代表水位下降。

根据以上分析，1987—2022 年，渠首地区地下水水化学演变模式主要是引黄灌溉补给模式；地下水水化学演变主要受引黄灌溉影响，降水和黄河水均对地下水离子有淡化作用，此外，农业活动和生活污水也会对地下水水化学演变产生影响。

### 7. 3. 3　古黄河滩地-引黄灌溉补给-径流模式

古黄河滩地-引黄灌溉补给-径流模式（Ⅲ区），该区域地貌类型处于古黄河滩地和古黄河背河洼地（图 2. 2，图 7. 7），地形平坦，排水良好，位于灌区渠系中部，1990—2006 年夏庄取样点地下水位连续下降，下降了接近 10m 左右，2001 年中部地区夏庄取样点形成地下水降落漏斗，渠首地区地下水流向由向西北地区流动转为向夏庄地下水取样点流动(图 3. 6)。

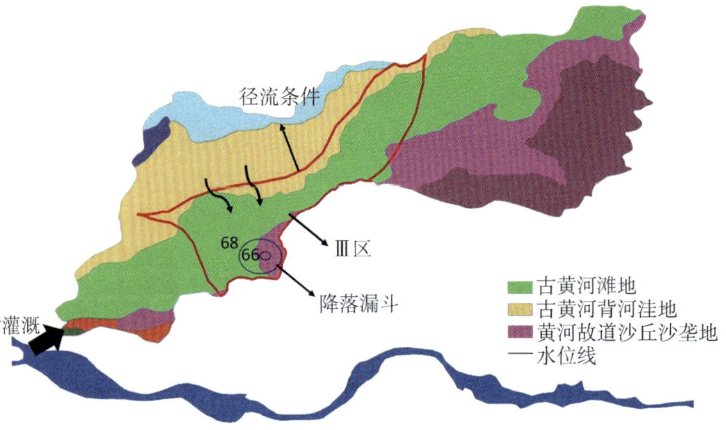


图 7. 7　古黄河滩地-引黄灌溉补给-径流模式示意图

1987—2022 年降水量先呈现增加后减小趋势，2002—2022 年城市建设用地面积比 1996—2001 年显著增加，耕地面积显著减小，2002—2022 年引黄河水量较 1987—2001 年显著减少，1996—2001 年和 2002—2022 年地下水位下降幅度均比渠首地区大，表明黄河水对中部地区补给影响程度比渠首地区小，2002—2022 年中部地区水力梯度明显增加，表明渠首地区和高矿化度区地下水向漏斗区流动速度加快，如表 7.3 所示。1987—2001 年地下水 TDS 范围在 200～1500mg/L 之间，地下水中主要的阳离子是 $Na^+$，主要的阴离子是 $HCO_3^-$，1987 年、1990 年、1996 年和 2001 年地下水水化学指标呈现逐年下降趋势，各离子浓度越来越接近黄河水的离子浓度，地下水水化学类型由 $HCO_3$ · $SO_4$-Na · Mg 型和 $HCO_3$-Na · Mg 型转变成 $HCO_3$ · Cl-Na · Mg 型，SOM 分类结果从 1987 年以 G1 类地下水为主逐渐转变为 2001 年的 G2 类地下水，G2 类地下水水化学特征与黄河水水化学特征相似，地下水离子浓度变化特征、水化学类型和 SOM 分类结果都表现出黄河水特征，表明黄河水 1987—2001 年黄河水灌溉是地下水水化学演变的主要控制因素。2002—2022 年地下水 TDS 范围在 500～2000mg/L，地下水中主要的阳离子是 $Na^+$，主要的阴离子是 $HCO_3^-$，地下水水化学类型由 2001 年的 $HCO_3$ · Cl-Na · Mg 型演变成 2006—2022 年的 $HCO_3$ · $SO_4$-Ca · Mg · Na 型，SOM 分类结果从 2001 年以 G2 类地下水为主逐渐转变为 2016 年的 G1 类地下水，在 2022 年演变为 G3 类地下水。2002—2013 年中部地区地下水中各离子浓度增加幅度明显较渠首地区地下水大，2001 年夏庄地下水取样点形成降落漏斗，地下水流向从 1996—2001 年渠首向西北地区方向流动，转变为渠首地区和西北地区向夏庄漏斗区流动，西北地区高矿化度地下水向漏斗区流动，使沿途地下水各离子浓度增加，特别是 $SO_4^{2-}$ 和 $Na^+$+$K^+$。对中部地区地下水中硫氧同位素组成进行分析，发现它的硫氧同位素组成与高矿化度区硫氧同位素组成接近，灌区渠首和东北地区硫氧同位素组成更加偏向降水和肥料，表明高矿化度区地下水对径流迁移区的地下水有补给作用，并且使其具有高矿化度区地下水的特征。

**表 7.3　古黄河滩地-引黄灌溉补给-径流模式各指标变化表**

| 指标 | | 1987—1990 年 | 1996—2001 年 | 2002—2022 年 |
|---|---|---|---|---|
| 气候条件 | 降水量/mm | 557.33 | 590.96 | 534.49 |
| 人类活动 | 城市和建设用地/$km^2$ | — | 32 | 55 |
| | 耕地面积/$km^2$ | — | 438 | 360 |
| 水量 | 引黄灌溉量/($10^8 m^3 \cdot a^{-1}$) | 4.23 | 4.14 | 2.59 |
| | 开采量/($10^8 m^3 \cdot a^{-1}$) | — | 1.63 | 2.02 |
| 水动力条件 | 水位埋深变化/($m \cdot a^{-1}$) | 0.01 | -0.11 | -0.37 |
| | 水力梯度/($m \cdot km^{-1}$) | 0.49 | 0.37 | 0.89 |
| 水化学指标 | TDS/($mg \cdot L^{-1}$) | 783.48 | 541.12 | 1002.67 |
| | $Ca^{2+}$/($mg \cdot L^{-1}$) | 70.90 | 45.19 | 92.67 |
| | $Mg^{2+}$/($mg \cdot L^{-1}$) | 61.26 | 43.81 | 68.30 |
| | $Na^+$+$K^+$/($mg \cdot L^{-1}$) | 132.79 | 108.97 | 187.80 |
| | $Cl^-$/($mg \cdot L^{-1}$) | 124.41 | 105.26 | 164.06 |
| | $SO_4^{2-}$/($mg \cdot L^{-1}$) | 149.48 | 84.24 | 233.57 |
| | $HCO_3^-$/($mg \cdot L^{-1}$) | 474.30 | 346.45 | 516.86 |

注：数据均为各指标平均值；地下水位埋深变化“-”代表水位下降。

根据以上分析，1987—2001 年，中部地区地下水水化学演变模式主要是引黄灌溉补给模式，地下水水化学演变主要受引黄灌溉影响；2002—2022 年中部地区地下水水化学演变模式主要是径流模式，地下水水化学演变主要是水动力场控制，西北地区高矿化度地下水向漏斗区流动，使沿途地下水各离子浓度增加。

### 7.3.4 古黄河滩地-引黄灌溉补给-弱径流模式

古黄河滩地-引黄灌溉补给-弱径流模式（Ⅵ区），该区域地貌类型处于古黄河滩地、黄河故道沙丘沙垄地及原延封低洼平原（图 2.2，图 7.8），位于灌区渠系尾部，1987—2022 年地下水位持续下降，2001 年后东北部地区地下水位下降最大达到 13m（图 3.6）。

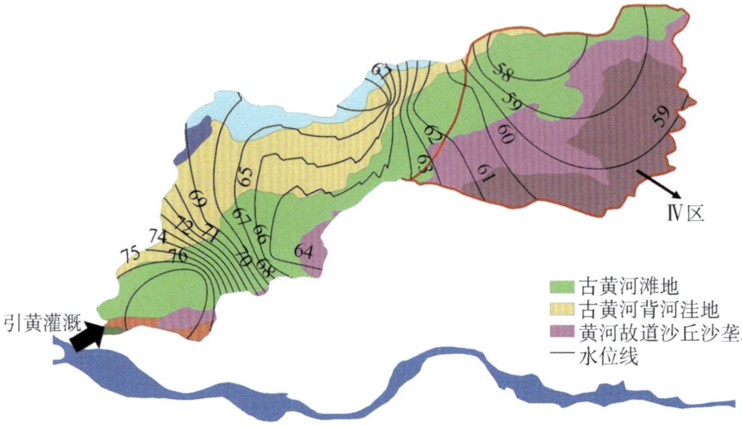


图 7.8　古黄河滩地-引黄灌溉补给-弱径流模式示意图

1987—2022 年降水量呈先增加后减小趋势，1996—2022 年城市建设用地面积和耕地面积变化较小，2002—2022 年引黄河水量较 1987—2001 年显著减少，1987—2022 年地下水位持续下降，2002—2022 年地下水位下降幅度均比 1987—2001 年大，表明黄河水补给量减少，地下水开采量显著增加，如表 7.4 所示。地下水水力梯度在 0.40～0.55m/km 范围之间，相对于渠首地区和中部地区弱，2002—2022 年水力梯度比 1996—2001 年小，表明径流条件相对 1996—2001 年滞缓，2016 年和 2022 年地下水水化学组分浓度增加。1996—2001 年地下水 TDS 范围在 200～1500mg/L 之间，地下水中主要的阳离子是 $Na^+$，主要的阴离子是 $HCO_3^-$，1996 年和 2001 年地下水水化学指标与黄河水接近，地下水水化学类型由 $HCO_3$ · $SO_4$-Na · Mg 型和 $HCO_3$-Na · Mg 型转变成 $HCO_3$ · Cl-Na · Mg 型，SOM 分类结果从 1996 年以 G1 类地下水为主逐渐转变为 2001 年的 G2 类地下水，G2 类地下水水化学特征与黄河水水化学特征相似，地下水离子浓度变化特征、水化学类型和 SOM 分类结果都表现出黄河水特征，表明黄河水 1996—2001 年黄河水灌溉是地下水水化学演变的主要控制因素。2002—2022 年地下水 TDS 范围在 500～1500mg/L 左右，地下水中主要的阳离子是 $Na^+$，主要的阴离子是 $HCO_3^-$，地下水水化学类型由 2001—2013 年的 $HCO_3$ · Cl-Na · Mg 型演变成 2016 年和 2022 年 $HCO_3$-Mg · Na 型，SOM 分类结果从 2001 年以 G2 类地下水为主逐渐转变为 2016 年和 2022 年的 G1 类地下水。2016 年和 2022 年东北部地区地下水 $SO_4^{2-}$ 和 $Cl^-$离子浓度明显比渠首地区和中部地区低，对东北部地区地下水中硫氧同位素组成进行分析，发现它的硫氧同位素组成与灌区其他地区明显不一致，表明东北地区与其他地区水力联系较小。

**表 7.4　古黄河滩地-引黄灌溉补给-弱径流模式各指标变化表**

| 指标 | | 1987—1990 年 | 1996—2001 年 | 2002—2022 年 |
|---|---|---|---|---|
| 气候条件 | 降水量/mm | 557.33 | 590.96 | 534.49 |
| 人类活动 | 城市和建设用地/$km^2$ | — | 25 | 28 |
| | 耕地面积/$km^2$ | — | 840 | 832 |
| 水量 | 引黄灌溉量/($10^8 m^3 \cdot a^{-1}$) | 4.23 | 4.14 | 2.59 |
| | 开采量/($10^8 m^3 \cdot a^{-1}$) | — | 1.63 | 2.02 |
| 水动力条件 | 水位埋深变化/($m \cdot a^{-1}$) | -0.11 | -0.15 | -0.50 |
| | 水力梯度/($m \cdot km^{-1}$) | 0.48 | 0.54 | 0.40 |
| 水化学指标 | TDS/($mg \cdot L^{-1}$) | — | 612.73 | 773.63 |
| | $Ca^{2+}$/($mg \cdot L^{-1}$) | — | 52.16 | 78.21 |
| | $Mg^{2+}$/($mg \cdot L^{-1}$) | — | 53.20 | 68.21 |
| | $Na^{+}+K^{+}$/($mg \cdot L^{-1}$) | — | 112.59 | 125.83 |
| | $Cl^{-}$/($mg \cdot L^{-1}$) | — | 127.03 | 73.06 |
| | $SO_4^{2-}$/($mg \cdot L^{-1}$) | — | 113.48 | 108.33 |
| | $HCO_3^{-}$/($mg \cdot L^{-1}$) | — | 337.87 | 631.80 |

注：数据均为各指标平均值，地下水位埋深变化“-”代表水位下降。

根据以上分析，1987—2001 年，东北部地区地下水水化学演变模式主要是引黄灌溉补给模式，地下水水化学演变主要受引黄灌溉影响；2002—2022 年东北部地区地下水水化学演变模式主要是弱径流模式，地下水水化学演变主要是受径流条件滞缓的影响，地下水各离子浓度增加。

## 7.4 小结

1）1987—2022 年灌区高矿化度区 SOM 分类结果以 G5 类地下水为主；研究区渠首和东北地区 SOM 分类结果经历过两次转变，从 1987 年以 G1 类地下水为主转变为 1996 年的 G2 类地下水，又在 2016 年转变为以 G1 类地下水为主。灌区中部地区 SOM 分类结果经历过 3 次转变，从 1987 年以 G1 类地下水为主转变为 1996 年的 G2 类地下水，又在 2013 年转变为以 G1 类地下水为主，到 2022 年转变为以 G3 类地下水为主。

2）综合考虑表现特征、内部演变作用及外部影响因子 3 个方面，地下水水化学表现特征包含离子浓度变化和自组织映射神经网络（SOM）对地下水水化学特征分类结果的时空演变和水化学类型等；内部演变作用包含离子来源及水化学演化作用等；外部影响因子包含地形地貌、地下水径流条件、大气降水和引黄河水量等因素，将人民胜利渠灌区地下水水化学划分为 4 种演变模式，即古黄河背河洼地-蒸发浓缩-降水淋溶模式、古黄河滩地-引黄灌溉补给模式、古黄河滩地-引黄灌溉补给-径流模式和古黄河滩地-引黄灌溉补给-弱径流模式 。

高矿化度区，地下水水化学演变模式是古黄河背河洼地-蒸发浓缩-降水淋溶模式，处于太行山冲洪积扇地下水承泄区，加上灌溉退水，径流条件受阻，蒸发浓缩作用大，地下水矿化度较高，此外，降水使土壤易溶盐淋溶至含水层中进而影响地下水化学组分。

渠首地区，地下水水化学演变模式是古黄河滩地-引黄灌溉补给模式，地下水水化学演变主要受引黄灌溉影响，降水和黄河水均对地下水离子有淡化作用，此外，农业活动和生活污水也会对地下水水化学演变产生影响。

中部地区，地下水水化学演变模式是古黄河滩地-引黄灌溉补给-径流模式，1987—2001年，地下水水化学演变模式主要是引黄灌溉补给模式，地下水水化学演变主要受引黄灌溉影响；2002—2022年地下水水化学演变模式主要是径流模式，地下水水化学演变主要是水动力场控制，西北地区高矿化度地下水向漏斗区流动，使沿途地下水各离子浓度增加。

东北地区，地下水水化学演变模式是古黄河滩地-引黄灌溉补给-弱径流模式，1987—2001年，地下水水化学演变模式主要是引黄灌溉补给模式，地下水水化学演变主要受引黄灌溉影响；2002—2022年地下水水化学演变模式主要是开采模式，地下水水化学演变主要是受开采量的影响，地下水各离子浓度变化较小。

# 第 8 章　结论与展望

## 8.1　结论

### 8.1.1　地下水水化学演变具有明显的时空分异性

#### 8.1.1.1　时间特征

在低矿化度区，地下水中 $HCO_3^-$、$Cl^-$、$SO_4^{2-}$ 和 TDS 在 1987—2001 年呈现逐渐减小趋势，2002—2022 年呈现逐渐增加趋势，$Ca^{2+}$、$Mg^{2+}$、$Na^+$在 1987—2001 年呈现逐渐减小趋势。1987—2001 年地下水水化学类型由 $HCO_3$ · $SO_4$-Na · Mg 型和 $HCO_3$-Na · Mg 型转变成 $HCO_3$ · Cl-Na · Mg 型，2006—2022 年渠首地下水水化学类型主要是 $HCO_3$ · Cl-Na · Mg · Ca 型和 $HCO_3$-Na · Mg 型，中部地区由 $HCO_3$ · Cl-Na · Mg 型逐渐转变成$HCO_3$ · $SO_4$ · Cl-Na · Mg · Ca 型，东北地区由 $HCO_3$ · Cl-Na · Mg 型逐渐转变成 $HCO_3$-Na · Mg 型。在高矿化度区，1987—2001 年 $HCO_3^-$、$Ca^{2+}$和 $Mg^{2+}$呈现逐渐减小趋势。1987—2022 年高矿化度区地下水水化学类型主要是 $SO_4$ · $HCO_3$-Na · Mg、$SO_4$ · Cl-Na · Mg 型和 Cl · $SO_4$ · $HCO_3$-Na · Mg 型。

#### 8.1.1.2　空间特征

结合地貌特征、地下水 TDS 空间分布特征和聚类分析结果将研究区分为两个单元区，即高矿化度区和低矿化度区。高矿化度区地下水各离子浓度均高于低矿化度区地下水，灌区地下水主要的阳离子是 $Na^+$，低矿化度区主要的阴离子是 $HCO_3^-$，高矿化度区主要的阴离子是 $SO_4^{2-}$。

#### 8.1.1.3　突变特征

1996—2013 年高矿化度区选取的所有典型观测井的不同离子在枯水期和丰水期或多或少都出现了突变。低矿化度区除典型观测井贺庄外所有离子在枯水期未发生突变，其余观测井的不同离子均在枯水期和丰水期或多或少都出现了突变。空间突变主要多发生在两个不同浓度值交界的地方，这是因为研究区东西方向跨度比南北方向跨度大，东西方向贯穿的离子浓度范围比南北方向贯穿的离子浓度范围广。*Y* 切片方向上，空间突变主要多发生在同一离子浓度内部。这是因为南北方向同一离子浓度内，离子浓度值随丰（枯）水期季节交替变化后波动范围大。

#### 8.1.1.4　水质评价

研究区高矿化度区地下水超标严重，不适宜作为生活饮用水；低矿化度区地下水随时间变化不适宜作为生活饮用水的区域逐渐扩大，超标的主要因素是总硬度和总溶解固体。高矿化度区地下水含盐量过高，不适宜作为农业灌溉用水；低矿化度区地下水在考虑微咸水灌溉的前提下，大部分地区可用于灌溉，但长期灌溉后可能会造成土壤盐分累积。研究区大部分地区地下水用于锅炉用水时，会产生大量的气泡和锅垢，不适宜直接作为锅炉用水。

## 8.1.2 地质背景决定了地下水水化学的演变基础

### 8.1.2.1 地貌类型

研究区受到黄河河道多次变迁的影响，形成了洼地、河漫滩及河槽等不同的地貌特征，局部地貌特征对潜水的埋藏深度和矿化度有很大影响。古黄河滩地地势平坦，具有较好的灌排条件，地下水矿化度低。古黄河背河洼地、太行山前交接洼地地势低洼，之前曾积水成灾，地下水位高，造成大面积盐碱地，后治理排水条件已有改善，这也是导致西北地区地下水矿化度较高的原因。原延封低洼平原具有多种地貌形态，如坡地、洼地、沙地和沙丘等，位于灌渠下游，黄河水补给较少，地下水位持续下降，冬春干旱、风沙较多，地下水矿化度相对较低。

### 8.1.2.2 水-岩作用

研究区地下水水化学的形成主要受岩石风化控制，高矿化度区还受到一定的蒸发浓缩作用，低矿化度区地下水离子主要来源于碳酸盐、石膏和盐岩溶解，高矿化度区地下水离子主要来源于石膏、芒硝和盐岩溶解，此外，灌区地下水受强烈的正向阳离子交换作用的影响，导致地下水中 $Na^+$离子增加。

## 8.1.3 地下水动力场改变影响地下水水化学

### 8.1.3.1 地下水动力场特征

灌区地下水位呈西高东低的分布特征，沿西南—东北方向递减，最高地下水位分布在西南地区的黄河滩区引黄口处，最低水位则位于灌区东北地区。灌区地下水位整体呈现下降趋势，中部地区地下水位下降幅度较大，其次是东北地区。由于中部地区地下水位下降幅度较大，形成降落漏斗，使地下水流向也发生了改变，从 1975 年的西南流向东北变为流向中部漏斗区和东北。

### 8.1.3.2 地下水漏斗特征

研究区地下水漏斗演变大致经历了 3 个阶段。第一个阶段为 1975 年以前，灌区未出现明显的地下水降落漏斗，地下水由灌区西南向东北方向流动。第二个阶段为 1975—2000 年，西北地区董庄地下水漏斗开始出现，漏斗区等值线密集，水力梯度大，非漏斗区等值线稀疏，水力梯度相对较小。第三阶段为 2001 年至现在，随着地下水位的持续下降，漏斗面积逐渐增加，董庄漏斗和夏庄漏斗连通，逐渐形成了以夏庄为中心的更大的地下水降落漏斗，至 2017 年漏斗边界已扩展至研究区外围。

### 8.1.3.3 漏斗形成对地下水化学场影响

从 2001 年中部地区夏庄取样点形成降落漏斗，地下水流向发生改变，从 1996—2001

年渠首向西北地区方向流动，转变为渠首地区和西北地区向夏庄漏斗区流动，高矿化度地下水向漏斗区流动，使沿途地下水各离子浓度增加，特别是 $SO_4^{2-}$ 和 $Na^++K^+$。

### 8.1.4 地下水补排等因素影响地下水水化学

#### 8.1.4.1 降水对地下水水化学影响

低矿化度区土壤易溶盐含量比较低，降水补给地下水，使离子浓度减小是影响地下水化学组分的主要作用。高矿化度区土壤易溶盐含量高，在丰水时段土壤易溶盐随降水淋溶至含水层中是影响地下水化学组分的主要作用。

#### 8.1.4.2 引黄灌溉对地下水水化学影响

1996—2001 年引黄灌溉对低矿化度区地下水水化学影响作用较大，2002—2013 年引黄灌溉对地下水影响较 1996—2001 年有所减小，对距离渠系较近的取样点作用较大，对距离渠系较远取样点作用有所减小，引黄灌溉依旧是渠首地区地下水水化学演变主要控制因素。在高矿化度区，由于黄河水各离子浓度比地下水中离子浓度小，黄河水补给使距离渠系较近的地下水中离子浓度减小。

#### 8.1.4.3 埋深变化对地下水水化学影响

低矿化度区地下水离子浓度与埋深呈正相关关系，地下水补给越多，埋深越小，离子浓度越小；高矿化度区地下水离子浓度与埋深大致呈负相关关系，地下水离子浓度和埋深除受到补给因素影响外，明显受土壤盐分淋溶作用和开采量的影响。

#### 8.1.4.4 人类污染对地下水水化学影响

高矿化度区地下水人类污染较严重，$NO_3^-$ 浓度均为《地下水质量标准》中规定的Ⅳ类水水质标准，渠首地区和中部地区人类污染具有随机性，表明地下水循环更新速度较快，2021 年东北地区 $NO_3^-$ 浓度超过Ⅲ类水水质标准，由于其埋深较大，地表污染物进入地下水较少，2021 年特大暴雨使灌区总体水位上升，从而也将地表污染物带入地下水中。

### 8.1.5 地下水水化学演变模式

综合考虑表现特征、内部演变作用及外部影响因子 3 个方面，地下水水化学表现特征包含离子浓度变化和自组织映射神经网络（SOM）对地下水水化学特征分类结果的时空演变和水化学类型等；内部演变作用包含离子来源及水化学演化作用等；外部影响因子包含地形地貌、地下水径流条件、大气降水和引黄河水量等因素，将人民胜利渠灌区地下水水化学划分为了 4 种演变模式，即古黄河背河洼地-蒸发浓缩-降水淋溶模式、古黄河滩地-引黄灌溉补给模式、古黄河滩地-引黄灌溉补给-径流模式、古黄河滩地-引黄灌溉补给-弱径流模式。

#### 8.1.5.1 古黄河背河洼地-蒸发浓缩-降水淋溶模式

高矿化度区，地下水水化学演变模式是古黄河背河洼地-蒸发浓缩-降水淋溶模式，处于太行山冲洪积扇地下水承泄区，加上灌溉退水，径流条件受阻，蒸发浓缩作用大，地下水矿化度较高，此外，降水使土壤易溶盐淋溶至含水层中进而影响地下水化学组分。

#### 8.1.5.2 古黄河滩地-引黄灌溉补给模式

渠首地区，地下水水化学演变模式是古黄河滩地-引黄灌溉补给模式，地下水水化学演变主要受引黄灌溉影响，降水和黄河水均对地下水离子有淡化作用，此外，农业活动和生活污水也会对地下水水化学演变产生影响。

#### 8.1.5.3 古黄河滩地-引黄灌溉补给-径流模式

中部地区，地下水水化学演变模式是古黄河滩地-引黄灌溉补给-径流模式，1987—2001年，地下水水化学演变模式主要是引黄灌溉补给模式，地下水水化学演变主要受引黄灌溉影响；2002—2022年地下水水化学演变模式主要是径流模式，地下水水化学演变主要是水动力场控制，西北地区高矿化度地下水向漏斗区流动，使沿途地下水各离子浓度增加。

#### 8.1.5.4 古黄河滩地-引黄灌溉补给-弱径流模式

东北地区地下水水化学演变模式是古黄河滩地-引黄灌溉补给-弱径流模式，1987—2001年，地下水水化学演变模式主要是引黄灌溉补给模式，地下水水化学演变主要受引黄灌溉影响；2002—2022年地下水水化学演变模式主要是开采模式，地下水水化学演变主要是受开采量的影响，地下水各离子浓度变化较小。

## 8.2 展望

1）水化学演变具有复杂性，传统的水化学模拟无论是正向模拟还是反向模拟均侧重于演变路径上的水-岩过程，而现状条件下地下水（尤其浅层地下水）受人类活动影响较大，如何考虑地下水化学的主要影响因子开展准确的模拟以及演变过程中的突变模拟需要进一步加强。

2）随着南水北调中线工程的运行以及全国地下水压采试点的推广，黄河中下游部分地区在采取水源置换、节水灌溉及地下水机井关停等措施下，原有的水资源均衡被打破，新水资源均衡背景下地下水化学的演变趋势需要进一步研究。

# 参考文献

常晓敏，王少丽，陈皓锐，等 . 2018. 河套灌区土壤盐分时空变化特征及影响因素［J］. 排灌机械工程学报，36（10）：1000-5.

程中华，邓义祥，卓小可，等 . 2021. 京杭大运河中下游段天然水化学变化特征及驱动因素［J］. 环境科学，42（5）：2251-2259.

戴吾蛟，丁晓利，朱建军，等 . 2006. 基于经验模式分解的滤波去噪法及其在 GPS 多路径效应中的应用［J］. 测绘学报，（4）：321-327.

杜青辉，刘晓琴，郝阳玲 . 2020. 河南省黄河供水区水资源节约集约利用初探［J］. 华北水利水电大学学报（自然科学版），41（4）：10-14，60.

费宇红，张兆吉，郭春艳，等 . 2014. 区域地下水质量评价及影响因素识别方法研究——以华北平原为例［J］. 地球学报，35（2）：131-138.

高燕燕 . 2020. 关中平原地下水化学成分时空演化规律及人体健康风险评价［D］. 西安：长安大学 .

耿新新，王福刚，高振凯，等 . 2013. 灵武引黄灌区地下水化学演化特征模拟［J］. 节水灌溉，210（2）：29-33.

龚志强，邹明玮，高新全，等 . 2005. 基于非线性时间序列分析经验模态分解和小波分解异同性的研究［J］. 物理学报，（8）：3947-3957.

韩宇平，张冬青，刘中培 . 2018. 人民胜利渠灌区地下水水化学特征研究［J］. 人民黄河，40（8）：85-90.

郝爱兵，康卫东，黎志恒，等 . 2010. 河西走廊张掖盆地含水层的水资源调节能力分析［J］. 地学前缘，17（6）：208-214.

黄金瓯，鲜阳，黎伟，等 . 2021. 典型滨海平原区地下水流系统水化学场演化及成因：以杭嘉湖平原为例［J］. 地球科学，46（7）：2565-82.

李广贺 . 2010. 水资源利用与保护［M］. 北京：中国建筑工业出版社 .

李潇 . 2020. 涡河流域（河南段）地下水循环特征研究［D］. 华北水利水电大学 .

李鑫 . 2021. 地下水水化学组分对水位波动的响应规律及数值模拟［D］. 华北水利水电大学 .

李艺珍，岳春芳 . 2019. 金沟河流域径流极值时间序列平稳性检验［J］. 水电能源科学，37（10）：21-24.

练继建，孙萧仲，马超，等 . 2017. 基于 EEMD-AR 模型的丹江口水库年径流随机模拟与预报［J］. 水利水电科技进展，37（5）：16-21.

梁艳艳 . 2016. 雷州半岛和海南岛滨海典型区地下水化学特征及可利用性研究［D］. 华南理工大学 .

林聪业，孙占学，高柏，等 . 2021. 拉萨地区地下水水化学特征及形成机制研究［J］. 地学前缘，28（5）：49-58.

刘昌明，田巍，刘小莽，等 . 2019. 黄河近百年径流量变化分析与认识［J］. 人民黄河，41（10）：11-15.

刘罗曼 . 2010. 时间序列平稳性检验［J］. 沈阳师范大学学报，28（3）：357-359.

刘鑫，向伟，司炳成 . 2021. 汾河流域浅层地下水水化学和氢氧稳定同位素特征及其指示意义［J］. 环境科学，42（4）：1739-1749.

刘中培，齐明坤，韩宇平，等 . 2022. 基于 EMD-AR 模型的黄河下游灌区地下水漏斗演变预测［J］. 河南师范大学学报（自然科学版），50（3）：29-38.

彭红霞，侯清芹，曾敏，等．2021. 雷州半岛地下水化学特征及控制因素分析［J］. 环境科学，42（11）：5375-5383.
任立良，王宇，江善虎，等 . 2022. 基于 GRACE 和 GRACE-FO 的黄河流域陆地水储量及影响因素分析［J］. 水资源保护，38（4）：26-32.
孙甲岚，雷晓辉，蒋云钟等 . 2012. 长江流域上游气温、降水及径流变化趋势分析［J］. 水电能源科学，30（5）：1-4.
田夏，费宇红，李亚松，等 . 2017. 南襄盆地浅层地下水质量影响因子解析［J］. 南水北调与水利科技，15（6）：132-136.
田应福，姜晴琼 . 2015. 时间序列分析的一个重要问题及其解决方法［J］. 统计与决策，（6）：87-88.
王文祥，李文鹏，蔡月梅，等．2021. 黑河流域中游盆地水文地球化学演化规律研究［J］. 地学前缘，28（4）：184-193.
王笑蕾，张勤，张双成 . 2018. 基于 EMD 和 WD 联合算法的 GPS 水汽时间序列的周期性振荡分析［J］. 武汉大学学报，43（4）：620-628.
王元超 . 2015. 丹江口水库中长期径流预报及水质水量联合模拟技术［D］. 中国水利水电科学研究院 .
魏凤英 . 1999. 现代气候统计诊断与预测技术［M］. 北京：气象出版社 .
吴信才 . 2002. 地理信息系统［M］. 北京：电子工业出版社 .
谢菲 . 2016. 泾惠渠灌区地下水水质对不同水源灌溉的响应及评价［D］. 西北农林科技大学 .
徐斌，张艳 . 2019. 地下水化学类型分区的 GIS 空间分析模型［J］. 武汉大学学报（信息科学版），44（6）：866-74.
玄兆燕，杨公训 . 2008. 经验模态分解法在大气时间序列预测中的应用［J］. 自动化学报，（1）：97-101.
杨建中 . 2014. 阳高县平山村 P1 地热井地热资源评价［J］. 山西建筑，40（20）：238-239.
杨柳春 . 2013. 基于粒子群优化算法的 AR 模型参数估计［J］. 工业仪表与自动化装置，（5）：67-69，95.
袁银 . 2022. 华北平原典型灌区地下水氮污染特征及关键影响因素［D］郑州：华北水利水电大学 .
张凌翔，张晓峒 . 2010. ADF 单位根检验中联合检验 LM 统计量研究［J］. 统计研究，（9）：84-90.
张楠．2017. 气候变化和人类活动影响下伊舒盆地地下水环境演化研究［D］. 吉林大学 .
张瑞嘉．2020. 基于同位素的多泥沙河流湿地水循环过程溯源模拟研究［D］. 华北水利水电大学 .
章诞武，丛振涛，倪广恒 . 2013. 基于中国气象资料的趋势检验方法对比分析［J］. 水科学进展，24（4）：490-496.
周栋，罗黄来，张凡 . 2022. 近 50 年十好桥水文站径流变化特性分析［J］. 长江技术经济，6（5）：40-45.
朱立珍．2019. 地理空间变量突变检测方法及初步应用［D］. 南京师范大学，40-46.
邹嘉文，刘飞，张靖坤．2022. 南水北调典型受水区浅层地下水水化学特征及成因［J］. 中国环境科学，42（5）：2260-2268.
Adimalla N, Venkatayogi S. 2018. Geochemical characterization and evaluation of groundwater suitability for domestic and agricultural utility in semi-arid region of Basara, Telangana State, South India [J]. Applied Water Science, 8 (1): 44.
Choi B Y, Yun S T, Kim K H, et al. 2014. Hydrogeochemical interpretation of South Korean groundwater monitoring data using Self-Organizing Maps [J]. Journal of Geochemical Exploration, 137: 73-84.
Gao S. 2008. Groundwater Cycle Pattern and Renewability Evaluation of Groundwater in the Quaternary aquifer in Henan Plain [D]. Jilin University.
Heleika M A, Toney S, Ismail E. 2021. Mapping of groundwater opportunities for multi-purposes use in Beni-Suef province, Egypt [J]. Arabian Journal of Geosciences, 14 (9): 784.
Huang Ne, Shen Z, Long S R, et al. 1998. The Empirical Mode Decomposition Method and the Hilbert Spectrum

for Non-stationary Time Series analysis [J]. Proceedings of the Royal Society A: Mathematical, Physical and Engineering Sciences, 454 (1971): 903-995.

Islam S M DV, Bhuiyan M A H, Rume T et al. 2017. Hydrogeochemical investigation of groundwater in shallow coastal aquifer of khulna District, Bangladesh. Appl. Water Sci., 7: 4219-4236.

Jiang Y, Wu Y, Groves C, et al. 2009. Natural and anthropogenic factors affecting the groundwater quality in the-Nandong karst underground river system in Yunan, China [J]. Journal of Contaminant Hydrology, 109 (1): 49-61.

Khanoranga, Khalid S. 2019. An assessment of groundwater quality for irrigation and drinking purposes around brick kilns in three districts of Balochistan province, Pakistan, through water quality index and multivariate statistical approaches [J]. Journal of Geochemical Exploration, 197: 14-26.

Kim K H, Yun S T, Yu S, et al. 2020. Geochemical pattern recognitions of deep thermal groundwater in South Korea using self-organizing map: Identified pathways of geochemical reaction and mixing [J]. Journal of Hydrology, 589.

Li X, Wu P, Han Z, et al. 2018. Effects of mining activities on evolution of water quality of karst waters in Midwestern Guizhou, China: evidences from hydrochemistry and isotopic composition [J]. Environmental Science and Pollution Research, 25 (2): 1220-30.

Mukherjee A, Fryar A E. 2008. Deeper groundwater chemistry and geochemical modeling of the arsenic affected western Bengal basin, West Bengal, India [J]. Applied Geochemistry, 23 (4): 863-94.

Nagarajan R, Rajmohan N, Mahendran U, et al. 2010. Evaluation of groundwater quality and its suitability for drinking and agricultural use in Thanjavur city, Tamil Nadu, India [J]. Environmental Monitoring and Assessment, 171 (1-4): 289-308.

Nishanthiny S C, Thushyanthy M, Barathithasan T, et al. 2010. Irrigation water quality based on hydro chemical analysis, Jaffna, Sri Lanka [J]. American-Eurasian Journal of Agricultural and Environmental Science, 7 (1):100-102.

Park Y S, Kwon Y S, Hwang S J, et al. 2014. Characterizing effects of landscape and morphometric factors on water quality of reservoirs using a self-organizing map [J]. Environmental Modelling & Software, 55: 214-221.

Qu B, Zhang Y, Kang S, et al. 2019. Water Quality in the Tibetan Plateau: Major Ions and Trace Elements in Rivers of the "Water Tower ofAsia" [J]. Science of The Total Environment, 649: 571-81.

Ren K, Pan X, Lan Q, et al. 2021. Seasonal Variations and Sources Identification of Dissolved Sulfate in a Typical Karst Subterranean Stream Basin Using Sulfur and Oxygen Isotopes [J]. Environmental Science, 42 (9): 4267-4274.

Richards L A. 1954. Diagnosis and Improvement of Saline and Alkali Soils [J]. Soil Science, 64 (3): 290.

Saleh A, Al-Ruwaih F, Shehata M. 1999. Hydrogeochemical processes operating within the main aquifers of Kuwait [J]. Journal of Arid Environments, 42 (3): 195-209.

Sarikhani R , Ghassemi Dehnavi A, Ahmadnejad Z, et al. 2015. Hydrochemical characteristics and groundwater quality assessment in Bushehr Province, SW Iran [J]. Environmental Earth Sciences, 74 (7): 6265-6281.

Torres-Martínez J A, Mora A, Knappett P S K, et al. 2020. Tracking nitrate and sulfate sources in groundwater of an urbanized valley using a multi-tracer approach combined with a Bayesian isotope mixing model [J]. Water Research, 182: 115962.

Wali S U, Umar K J, Dankani I M, et al. 2018. Groundwater Hydrochemical Characterization in Urban Areas of Southwestern Sokoto Basin Nigeria [J]. S F J Environ Earth Sci., 1 (1): 1006.

Wang Y, Pi K, Fendorf S, et al. 2019. Sedimentogenesis and Hydrobiogeochemistry of High Arsenic Late Pleistocene-Holocene Aquifer Systems [J]. Earth-Science Reviews, 189: 79-98.

Wen B, Zhou J W, Jia X C, et al. 2022. Attenuation of antimony in groundwater from theXikuangshan antimony mine, China: Evidence from sulfur and molybdenum isotope study [J]. Applied Geochemistry, 146.

Xiao J, Lv G R, Chai N P, et al. 2022. Hydrochemistry and source apportionment of boron, sulfate, and nitrate in the Fen River, a typical loess covered area in the eastern Chinese Loess Plateau [J]. Enviornmental Research, 206.

Zhang D, Huang X, Li C. 2013. Sources of riverine sulfate in Yellow River and its tributaries determined by sulfur and oxygen isotopes [J]. Advances in Water Science, 24 (3): 418-426.

Zhang D, Li X D, Zhao Z Q, et al. 2015. Using dual isotopic data to track the sources and behaviors of dissolved sulfate in the western North China Plain [J]. Applied Geochemistry, 52: 43-56.

Zhang D, Xue T, Qin Y, et al. 2023. Dissolved Ion Concentrations and Isotope Values in Agricultural Fertilizer Locally Applied in Henan Province [J]. Environmental Science, 44 (2): 1040-1050.

Zhang Y P, Li Q H, Luo Y X, et al. 2022. Groundwater salinization in a subtropical region, Beihai, southern China: Insights from hydrochemistry and multiple isotopes (H, O, S, Sr) [J]. Applied Geochemistry, 141.

Zhu G, Wu X, Ge J P, et al. 2020. Influence of mining activities on groundwaterhydrochemistry and heavy metal migration using a self-organizing map (SOM) [J]. Journal of Cleaner Production, 257.